安全协议形式化分析与验证

肖美华 著

华东交通大学教材(专著)基金资助项目

科学出版社

北 京

内 容 简 介

本书是作者多年从事安全协议形式化分析与验证相关科研工作的总结，主要对两种形式化方法做了归纳：基于 SPIN 工具的模型检测和事件逻辑。

全书主要内容如下：介绍了安全协议形式化分析的研究现状、主要技术流派，以及协议描述语言 ProDL，阐述了基于算法知识逻辑的网络安全协议模型检测分析方法，用于显式地刻画入侵者模型能力；在网络安全协议验证模型生成系统中，采用偏序归约、语法重定序以及静态分析等优化策略，有效缓解模型检测过程中状态爆炸问题；对事件逻辑进行扩展，提出一系列规则，对安全协议进行形式化描述，无需显性刻画入侵者模型，只需分析协议动作之间的匹配顺序关系即可对协议的安全性进行证明。

本书可作为高等院校计算机、软件工程、信息安全等专业高年级本科生和研究生的教材，也可供相关专业领域的科研人员参考。

图书在版编目(CIP)数据

安全协议形式化分析与验证/肖美华著. —北京：科学出版社，2019.11
ISBN 978-7-03-062633-2

Ⅰ. ①安… Ⅱ. ①肖… Ⅲ. ①计算机网络-安全技术-通信协议
Ⅳ. ①TP393.08

中国版本图书馆 CIP 数据核字(2019)第 228902 号

责任编辑：王 哲 / 责任校对：王萌萌
责任印制：吴兆东 / 封面设计：迷底书装

科 学 出 版 社 出版
北京东黄城根北街 16 号
邮政编码：100717
http://www.sciencep.com

北京中石油彩色印刷有限责任公司 印刷
科学出版社发行 各地新华书店经销
*
2019 年 11 月第 一 版 开本：720×1000 1/16
2021 年 8 月第三次印刷 印张：10 3/4
字数：210 000

定价：109.00 元
(如有印装质量问题，我社负责调换)

前　　言

随着软件在尖端领域（铁路信号、核电站、航空航天、国家安全和网络通信等）的广泛应用，软件可靠性成为一个非常重要的问题。形式化方法的意义在于它能帮助发现其他方法不容易发现的系统描述的不一致、不明确或不完整，有助于增加软件开发人员对系统的理解，因此形式化方法是提高软件系统，特别是安全攸关（Safety-Critical）系统的安全性与可靠性的重要手段。

形式化方法在软件验证中的应用大致开始于串行程序验证，随后运用于反应式系统、并发系统、实时系统中，形式化方法采用数学与逻辑的方法描述和验证软件。从描述上讲，一方面是系统或程序的描述，另一方面是性质的描述。从验证来讲，主要有两类方法，一类是以逻辑推理为基础，另一类则以是穷尽搜索为基础的模型检测。

网络已经成为人类彼此沟通，获取信息，以及社会生产和生活活动的一种重要载体和手段。正确而安全的网络通信依靠安全协议来保证。所谓安全协议，是在通信协议中应用密码学的手段隐藏或获取信息，达到认证以及消息正确发送的目的。大部分的安全协议运行在复杂的分布式网络环境中，分布式网络具有多主体参与、大规模并发和运行动态性等特点，因此设计出的安全协议难免会存在安全漏洞。实践证明，许多安全协议在使用多年后被发现存在很严重的安全漏洞，例如著名的Needham-Schroeder 公开密钥协议、Kerberos 协议和 SSL 协议的早期版本等（Needham-Schroeder 公开密钥协议在公开 17 年后，其存在的入侵者攻击漏洞才被 Lowe 发现）。因而，网络安全协议的研究具有很强的现实应用背景。

认证协议的设计与分析是十分复杂的。大量的实例说明，即使参加认证协议的主体只有 2 个或 3 个，在整个协议中交换的消息只有 3 条或 5 条，设计一个正确且没有安全缺陷的认证协议也是一项很困难的任务。因此，迫切需要一种合适的形式化分析方法，对认证协议进行严谨的形式化分析，检查认证协议是否达到其设计目标，认证协议是否存在安全缺陷或冗余等。

本书基于 SPIN 工具的模型检测和事件逻辑这两种形式化方法，对网络协议安全性进行分析。全书共分 7 章。第 1 章是绪论，介绍安全协议形式化分析背景及研究现状。第 2 章介绍形式化方法基本理论，包括：形式化方法概述、模态逻辑、模型检测、定理证明以及二者的比较。第 3 章讨论安全协议，包括：安全协议概念、分类；协议安全属性；协议安全构建方法；协议攻击者模型及其攻击类型。第 4

章研究采用模型检测技术,对网络安全协议进行形式化分析与验证,主要内容有:安全协议形式化表示,包括消息、动作、迹、消息状态及修改、消息生成规则等;阐述基于算法知识逻辑的安全协议形式化分析流程以及验证模型优化策略,并与其他形式化方法进行比较。第 5 章设计网络安全协议验证模型生成系统,包括:系统概述;系统设计与实现;设计协议描述语言 ProDL;Needham-Schroeder 公开密钥协议、BAN-Yahalom 三方对称密钥认证协议、CMP1 可信第三方电子商务协议分析与验证。第 6 章分析事件逻辑理论,包括:事件系统;事件逻辑公理、推论及性质;事件逻辑形式化描述协议;基于事件逻辑的安全协议证明;与其他典型证明方法对比。第 7 章是总结与展望,包括:研究成果总结、下一步研究工作。

本书是作者从 2002 年在中国科学院软件研究所攻读博士学位起,十几年来科研成果的系统总结,同时还参考了国内外的最新理论和技术进展。本书的研究得到国家自然科学基金 (61163005、61562026、61962020)、中国博士后科学基金(20110491497)、江西省主要学科学术与技术带头人资助计划项目(20172BCB22015)的资助,同时还得到计算机软件新技术国家重点实验室开放课题、江西省自然科学基金(含重点)、江西省高校科技落地计划项目、江西省科技攻关计划(含重点)、江西省科技对外合作计划项目、江西省软科学科技项目、江西省教育厅科技计划等资助。

本书付梓之际,首先感谢作者的博士生导师薛锦云教授。同时,作者在从事形式化方法科研之路上,得到很多专家的帮助、支持与鼓励,他们是:林惠民院士、周巢尘院士、韩文报教授、张健研究员、张文辉研究员、曹珍富教授、林东岱研究员、沈一栋研究员、邵维忠教授、段振华教授、应时教授、孙晓明研究员、王戟教授、詹乃军研究员、董威教授等。作者于 2008 年 9 月～2009 年 9 月在美国做访问学者,感谢康奈尔大学 Constable 教授的邀请,他是形式化方法领域国际知名专家,访学期间与 Constable 教授、Bickford 博士合作,致力于运用事件逻辑理论对安全协议进行形式化分析。没有他们的教诲和指导,就没有本书的面世。

感谢研究团队中,多年来从事形式化领域研究并做出重要科研成果的博士生、硕士生,他们是:杨科、钟小妹、宋佳雯、李伟、李娅楠、程道雷、梅映天、谌佳、王西忠、马成林、李静、吴昌、刘欣倩、万子龙、余立全、谭杰、朱科、邓春艳、王兵、朱宜炳、熊昊、刘俏威、舒良春、胡磊、程莹、倪烨、尹传文、刘婷婷、胡凡玮、程进、刘惠萱、张坚林等。特别感谢本书出版、文字排版编辑工作团队成员的辛勤付出,他们是:宋子繁、周浩洋、李泽寰、张彤、欧阳日、易寒萧等。科学出版社给予了大力支持,王哲编辑为本书付出了辛勤努力,谨表谢意。同时,本书的出版还得到了华东交通大学教材(专著)基金资助,在此一并致谢。

本领域涉及的理论技术复杂，加之作者水平有限，书中难免存在不足之处，恳请读者批评指正，并将意见和建议发至：xiaomh@ecjtu.edu.cn，作者不胜感激。

肖美华

于华东交通大学孔目湖

2019 年 10 月

目　　录

第1章 绪 论

1.1 安全协议形式化分析背景

随着互联网热潮向社会的每一个角落逐渐渗透，通过网络来获取信息、存储信息和交换信息的方式已经在人们生活中得到普及，大多数活动如购物、聊天、转账、学习等都是通过计算机在线完成，网络使得用户足不出户就能与世界互联互通，但是任何事情都有双面性，当前互联网虚拟空间与现实空间的危险叠加后，更容易给财产安全、社会稳定和国家安全带来严重影响。网络的强大能力在为人们生活带来便利的同时，也使网络成为竞争者之间相互角逐的战场。在这个战场中，信息窃取、数据篡改和网络攻击将成为影响力最大和杀伤力最强的武器。这不仅影响个人的日常生活，而且严重影响国家的政治、经济、军事安全。

开放性的网络环境导致用户无法判断其主动或被动接收的数据是恶意还是善意的，这使得人们在上网时会面临各种风险。例如，使用的社交账号被盗、电话号码和住址被公开以及私人照片被泄露等问题，严重的甚至会导致用户遭受巨大经济损失。开放性的网络环境使得互联网变得脆弱，这是因为对非专业人员来说，数据在网络中的传输过程是不可控且不可视的。

软件形式化方法，最早可追溯到 20 世纪 50 年代后期对于程序设计语言编译技术的研究，即 Backus[1]提出巴克斯范式(Backus Normal Formula，BNF)作为描述程序设计语言语法的元语言，使得编译系统的开发从"手工艺制作方式"发展成具有牢固理论基础的系统方法。20 世纪 60 年代，Floyd[2]提出的不变式断言和 Hoare[3]提出的公理化方法都是用数学方法来证明程序的正确性。然而 20 世纪 60 年代以前，计算机刚刚投入实际使用，软件开发往往只是在计算机上设计和编制一个满足特定需求的应用，早期软件规模比较小，文档资料通常也不存在，软件可靠性和安全性问题不明显。到 60 年代中期，大容量且高速度计算机的出现，使计算机的应用范围迅速扩大，软件开发数量急剧增长，软件系统的规模越来越大，复杂程度越来越高，软件可靠性问题也越来越突出。1968 年计算机科学家召开国际会议，第一次讨论软件危机问题。针对当时所谓"软件危机"，人们提出了各种解决方法，归纳起来有两类：一是采用工程方法来组织和管理软件的开发过程；二是深入探讨程序和程序开发过程的规律，建立严密的理论，用来指导软件开发实践，该方法推动了形式化方法的深入研究，带来了形式化方法的研究高潮。

随着互联网的发展，由软件引起的安全问题涉及面越来越广，影响层次也越来越深，越来越多的安全协议也随之不断地涌现。但任何的网络都不是铜墙铁壁和无缝可循，即使网络协议设计之初堪称完美，时间一长协议漏洞也会暴露出来。例如，1978 年 Needham 和 Schroeder 提出著名的 Needham-Schroeder[4]协议，一直被认为是安全的。但是三年后，文献[5]指出，该协议并不能保证 $PK(B)$ 是当前 B 的公钥，也许是一个旧的密钥和已经泄露密钥的重演。所以，尽管安全协议在保障信息安全中起到了一定作用，但要判断一个协议是否能够在不安全的环境下正确地达到预定的安全属性却并不容易。因此，对协议进行安全性分析，找出协议漏洞，并改进相应的协议成为日益迫切的问题。

1981 年 Clarke[6]提出自动化验证技术——模型检测方法，主要通过显式状态搜索或隐式不动点计算来验证有穷状态并发系统的模态/命题性质，并能在系统不满足性质时提供反例路径。80 年代，Dolev 等开发了一系列的多项式时间算法用于对一些协议的安全性进行分析。Dolev 和 Yao[7]还提出多个协议并行执行环境的形式化模型，模型中包括一个可获取、修改和删除信息并可控制系统合法用户的入侵者，成功地找到了协议中未被人工分析发现的漏洞。1989 年 Burrows 等[8]提出 BAN 逻辑引起了人们广泛的关注。BAN 逻辑的规则十分简洁、直观，易于使用。BAN 逻辑成功地对 Needham-Schroeder、Kerberos 等几个著名的协议进行了分析，并找到了其中已知的和未知的漏洞。BAN 逻辑的成功激发了研究者们对安全协议形式化分析的兴趣，许多安全协议形式化分析方法在此影响下接连产生。1996 年 Brackin[9]推广了 GNY 逻辑并给出了该逻辑的高阶逻辑（Higher Order Logic，HOL）理论，之后利用 HOL 理论自动证明在该系统内与安全相关的命题，并首次把递归神经网络运用到定理证明问题上。2000 年 Denker 和 Millen[10]开发的 CAPSL（Common Authentication Protocol Specification Language）为协议形式化分析工具提供通用说明语言，标志着不同形式化分析技术的日趋成熟。

经过几十年的研究和应用，研究者们在安全协议的形式化分析方法这一领域取得了大量的和重要的研究成果。形式化方法已经从早期最简单的一阶谓词演算方法，演变成到现在基于逻辑、状态机、网络、进程代数和代数等应用于不同领域及不同阶段的方法。

1.2　安全协议形式化分析研究现状

安全协议形式化分析技术已有 40 多年的历史，并日趋成熟。随着网络的发展，安全协议面临着新的威胁，电子商务、多方通信、匿名通信和拒绝服务等问题的出现对安全协议设计与分析提出了更高的要求。随着网络环境愈加开放、攻击者能力不断增强和新型协议不断增多，形式化分析方法也在不断地发展。

近几年，国内外学者在模态逻辑方法基础上，主要针对模态语言、逻辑语法与语义、逻辑关系表达能力和方法应用范围等方面做了许多扩展性和创新性的研究。

例如，申宇铭等[11]刻画了命题模态逻辑表达能力——van Benthem 刻画定理，给出描述逻辑 ELU(含构造子：原子概念、顶概念、概念交、概念并和完全存在约束)的模拟关系，建立了 ELU 中概念和术语公理集的表达能力刻画定理。黄振华[12]引入结构化标记转换系统，提出结构化部分互模拟和结构化共变-逆变模拟，分别采用模态逻辑语言 BL 和 CCL 刻画逻辑关系。刘海等[13]在 CEGS 中引入效用函数和偏好关系知识，得到新的 rCEGS，并在合作模态算子 Γ 中加入行为 ACT 参数，提出新的可形式化分析安全协议的交替时序认知逻辑 rATEL-A，然后运用 rATEL-A 构建两方安全协议的形式化模型，并基于 rCEGS 的等价扩展式博弈，对具体的两方交换协议进行形式化分析。邓少波等[14]提出具有模态词 $\Box\varphi=\Box 1\varphi\vee\Box 2\varphi$ 的命题模态逻辑，给出了该逻辑的语言、语法与语义，并将该完备的公理化系统记为 $S^{51}V^{S52}$。马明辉等[15]对关系语义(Kripke 语义)下极小非正规模态逻辑 C2 进行时序化处理，得到极小非正规时序逻辑 C2t，建立了具备可靠性和完全性的 C2t 的 Hilbert 式公理系统 HC2t 和加标矢列式演算系统 GC2t。冉婕等[16]提出了增加交互操作符的 UML 顺序图的六元组形式化方法，对描述逻辑进行时序扩展，得到可表示动态和时序语义的形式化规范——时序描述逻辑，并用时序描述逻辑的时态算子得到时序描述逻辑语义形式的 UML 顺序图，用 UML 顺序图描述完整的 C 语言执行过程，将其形式化描述。Zadeh 和 Lotfi[17]构造了一个具有有限状态系统结构的模态逻辑模型(FS 模型)。Larsen 和 Mardare[18]为能够表达 WTS(Weighted Transition System)的定性和定量特性的多模态逻辑——加权模态逻辑(Weighted Modal Logic，WML)开发了证明系统，并提出 WML 对 WTS 的弱完备公理和强完备公理。Takács 和 Vályi[19]扩展了 Coffey-Saidha-Newe 模态逻辑以处理多信道协议，并使用扩展逻辑验证了 MANA 族中协议的有效性。Libal 和 Volpe[20]通过使用从模态语言转换为一阶极化语言和其小内核基于经典聚焦序列演算的检查器，描述了用类 Prolog 语言实现逻辑 K 的一般方法，并说明了如何将该方法扩展到其他模态逻辑。Belardinelli 和 van der Hoek[21]研究了形式模态语言在人工智能领域的作用，介绍了二阶命题模态逻辑(Second-Order Propositional Modal Logic，SOPML)的多模态版本，阐明了其作为知识表示和时空推理规范语言的有效性。Hulst 等[22]提出一种非确定性自动机受控系统综合的新方法，限制不受控系统的行为规范，使其满足给定的逻辑表达式，同时遵守监督控制最大允许性和可控性的规则，将 Hennessy-Milner 逻辑从 Gdel-Lb 逻辑扩展为具有不变和可达模式的 Hennessy-Milner 逻辑。

近几年，国内外在形式化建模方面的研究有较为快速的发展。其中，形式化建模在特定领域的研究逐渐形成特色，不再局限于各种形式模型的研究，在程序分析、模型检测和混成系统等方面也做了许多工作。在软件形式化验证的理论、方法和技术等方面产生了大量有影响力的成果，形成了许多高效的软件形式化验证工具。但是模型检测的研究工作也不仅仅局限于协议安全性分析这一面，目前国内外已经有采用模型检测对人工智能算法等多方面进行分析、验证的工作。

例如，Fu[23]研究了理论的操作语义和观察语义，为异步理论构造了一个完整的公理系统，给出了异步 π 的弱异步双相似性的证明系统。陈双双等[24]从研究 CAD/CAE 模型转换出发，基于 VC 平台对 Pro/E 二次开发技术，实现了模型转换前 CAD 模型的预先检查。阚双龙等[25]提出使用事件自动机对 C 程序的安全属性进行规约，并给出了基于有界模型检测的形式化验证方法。赵岭忠等[26]提出了一种新的 CSP(Communication Sequence Process)指称语义模型——关键迹模型 (Critical-Trace Model)及基于该指称语义模型的 CSP 模型检测方法，并开发了一个可同时验证多条性质、在性质不满足时还可提供多条反例的 CSP 模型检测原型系统——TASP。朱维军等[27]使线性时序逻辑模型检测技术不仅仅只在电子计算的平台上实现，为了以脱氧核糖核酸(Deoxyribonucleic Acid，DNA)为载体对线性时序(时态)逻辑(Linear Temporal Logic，LTL)实施模型检测，提出了一个可对 LTL 逻辑时序算子检测的新方法。葛徐骏等[28]对传统基于模型的测试方法的一致性检验进行了扩展，提出了一致性检验框架 ProMiner，可支持软件模型和代码间双向的一致性检验。梁常建和李永明[29]在模糊时态方面对 GPoLTL(Generalized Possibilistic Linear Temporal Logic)进行扩展，并定义其为具有模糊时态的广义可能性线性时序逻辑 GPoFLTL(Generalized Possibilistic Fuzzy Linear Temporal Logic)。张业迪和宋富[30]基于交替时态逻辑(Alternating Temporal Logic，ATL)提出了一种在语法层对智能体策略类型进行刻画的系统模型——带类型解释系统，引入策略类型属性，允许不同智能体具备不同的策略类型。国防科技大学的李运筹等[31]研发了并行程序验证工具 VASR-CBMC，该工具能够缩短验证时间，有效提升模型检验对并发程序的验证能力。Navabpour 等[32]提出以检查中的 C 程序和一组 LTL 属性作为输入，并生成一个仪表化的 C 程序，程序在运行时被时间触发的监视器验证 RITHM（Runtime Time-Triggered Heterogeneous Monitoring）。Barnat 等[33]提出了一个并行分布式 LTL 模型检查器 DiVinE 的新版本，可用模型检查器验证系统类的扩展，支持并行和分布式内存处理，支持多线程 C/C++程序的直接模型检查和定时自动机的完全非定时 LTL 模型检查，以及与任意系统建模工具接口的通用框架。Din 等[34]开发了可用于基于 ABS 编写的并发和分布式程序进行验证的工具 KeY-ABS。Lomuscio 等[35]提出了一种用于多智能体系统验证的模型检验器 MCMAS。模型检验工具 MCMAS 可以支持有效的符号技术，用于根据表示时间、认知和战略属性的规范验证多 Agent 系统。Ngo 和 Legay[36]提出了如何使用统计模型检测直接对大型 SystemC 模型进行分析的方法。

近几年，国内外关于交互式定理证明在系统验证等方向的应用研究也明显增多，取得了一些显著的成果。研究者们不仅仅局限于定理证明方法的扩展和创新，更将方法应用到了生物和医疗等不同的研究领域中。

石刚等[37]开展了从同步数据流语言（Lustre 为原型）到串行命令式语言（C 为原型）的可信编译器构造的关键技术研究。韩世宁[38]提出一种基于协议组合逻辑（Protocol Composition Logic，PCL）的匿名性分析方法，通过将观察等价思想和 PCL 理论相结合，提出分析协议匿名性的形式化方法，通过实例分析说明了该方法的可行性和正确性。詹业兵[39]设计并实现了基于相继式演算的一阶逻辑定理证明器 FolProver，FolProver 可用于证明一阶逻辑中定理的正确性，具有图形界面，支持交互式证明和自动化证明，并具备保存和加载证明等多个便于使用的功能。张恒若和付明[40]在定理证明工具 Coq 中实现了一个自动证明策略 smt4coq，通过在 Coq 中调用约束求解器 Z3，自动证明 32 位机器整数相关的数学命题，提高了自动化验证的程度，减少了用户手动验证程序的开销。宋丽华等[41]在交互式定理证明器 Isabelle/HOL 中对 Miller 和 Myers 在 1985 年提出的基于行的文件比较算法 fcomp 进行了形式化，改正了算法关于边界变量迭代的一个小错误，证明了改正后算法的可终止性和正确性，对算法时间复杂性做了形式化分析，印证了算法的非形式化分析结论。钱振江等[42]在 Isabelle/HOL 定理证明器环境中对建立的内存管理模型和系统行为的操作语义进行形式化描述，并对内存管理模块的设计和实现的正确性进行验证。King 等[43]使用 SMT 求解器 CVC4 和 LP 求解器 GLPK 实现一种集成 LP 求解器的技术，在不影响正确性的前提下提高了 SMT 求解器的性能。Li 等[44]给出了 Isabelle 中一阶单变量多项式问题的一个完整的基于证书的决策过程，除了 Isabelle 的内核和代码生成之外，该过程依赖于不受信任的代码。Zhang 等[45]提出了一种基于 SMT 的 CCSL 形式化分析方法，该方法可证明 CCSL 约束的无效性。Rashid 和 Hasan[46]提出了一种基于演绎推理的形式化方法——高阶逻辑定理证明，用于机器人细胞注射系统动力学行为的建模和分析。

　　如今，形式化方法越来越受到国内外计算机学术界的重视，欧洲设有专门的形式化方法组织（Formal Method Europe，FME）；美国计算机学会（Association for Computing Machinery，ACM）在 2014 年成立了 SIGLOG（Special Interest Group on Logic and Computation），涵盖计算逻辑、自动机理论、形式语义和程序验证等方向；中国计算机学会在 2015 年成立了形式化方法专业组，2018 年成立了形式化方法专业委员会。形式化方法还成功应用于各种硬件设计，特别是芯片设计。IBM、Intel 和 AMD 等各大硬件制造商都设有专门的形式化方法团队为保障系统的可靠性提供技术支持。由于形式化方法能够有效保证计算机软硬件系统的正确性和可靠性，因此许多国际标准化组织也将形式化方法列为保证安全攸关（Safety-Critical）系统必备的技术手段。形式化方法受到国内外行业越来越多的重视，使得用形式化方法验证软硬件产品的安全性和可靠性逐渐成为各行各业的首要选择。

参 考 文 献

[1] Backus J W, Bauer F L, Green J, et al. Report on the algorithmic language ALGOL 60. Numerische Mathematik, 1963, 6(1): 106-136.

[2] Floyd R W. Assigning meanings to programs. Mathematical Aspects of Computer Science (19-32), 1967, 10: 978-994.

[3] IIoarc C Λ R. An axiomatic basis for computer programming. Communications of the ACM, 1969, 12(1): 53-56.

[4] Needham R M. Using Encryption for Authentication in Large Networks of Computers. New York: ACM Press, 1978.

[5] Denning D E. Timestamps in key distribution protocols. Communications of the ACM, 1981, 24(8): 533-536.

[6] Clarke E M. Design and synthesis of synchronization skeletons using branching time temporal logic. Lecture Notes in Computer Science, 1981, 131: 52-71.

[7] Dolev D, Yao A. On the security of public key protocols. IEEE Transactions on Information Theory, 1983, 29(2): 198-208.

[8] Burrows M, Abadi M, Needham R. A logic of authentication. ACM Transactions on Computer Systems, 1989, 23(5): 1-13.

[9] Brackin S H. A HOL extension of GNY for automatically analyzing cryptographic protocols//Proceedings of the IEEE Computer Security Foundations Workshop, Kenmare, 1996.

[10] Denker G, Millen J. CAPSL integrated protocol environment//Proceedings of the IEEE DARPA Information Survivability Conference and Exposition, Hilton Head, 2000.

[11] 申宇铭, 王驹, 唐素勤. 描述逻辑 ELU 概念及术语公理集的表达能力刻画. 软件学报, 2014, 41(8): 206-210.

[12] 黄振华. 基于 Institution 理论的结构化转换系统的研究. 南京: 南京航空航天大学, 2015.

[13] 刘海, 彭长根, 张弘, 等. 一种理性安全协议的博弈逻辑描述模型. 计算机科学, 2015, 42(9): 118-126.

[14] 邓少波, 黎敏, 曹存根, 等. 具有模态词□φ=□_(1φ)∨□_(2φ)且可靠与完备的公理系统. 软件学报, 2015, 26(9): 2286-2296.

[15] 马明辉, 王善侠, 邓辉文. 极小非正规时序逻辑的矢列式演算系统. 中国科学: 信息科学, 2017, (1): 35-50.

[16] 冉婕, 谢树云, 漆丽娟. 基于时序描述逻辑的 UML 顺序图形式化研究. 计算机系统应用, 2018, 27(8): 280-284.

[17] Zadeh, Lotfi A. A note on modal logic and possibility theory. Information Sciences, 2014, 279: 908-913.

[18] Larsen K G, Mardare R. Complete proof systems for weighted modal logic. Theoretical Computer Science, 2014, 546: 164-175.

[19] Takács P, Vályi S. An extension of protocol verification modal logic to multichannel protocols. Tatra Mountains Mathematical Publications, 2015, (41): 153-166.

[20] Libal T, Volpe M. Certification of prefixed tableau proofs for modal logic//The 7th International Symposium on Games, Automata, Logics and Formal Verification, Catania, 2016.

[21] Belardinelli F, van der Hoek W. A semantic analysis of second-order propositional modal logic//The 30th AAAI Conference on Artificial Intelligence, Phoenix, 2016: 886-892.

[22] Hulst A C V, Reniers M A, Fokkink W J. Maximally permissive controlled system synthesis for non-determinism and modal logic. Discrete Event Dynamic Systems, 2017, 27(1): 109-142.

[23] Fu Y. Theory by process//International Conference on Concurrency Theory, Paris, 2010.

[24] 陈双双, 方宗德, 刘岚, 等. Pro/E 二次开发在模型检查技术中的应用. 计算机仿真, 2013, 30(8): 250-253.

[25] 阚双龙, 黄志球, 陈哲, 等. 使用事件自动机规约的 C 语言有界模型检测. 软件学报, 2014, 25(11): 2452-2472.

[26] 赵岭忠, 翟仲毅, 钱俊彦, 等. 基于关键迹和 ASP 的 CSP 模型检测. 软件学报, 2015, 26(10): 2521-2544.

[27] 朱维军, 周清雷, 李永亮. 以 DNA 为载体的线性时序逻辑模型检测. 电子学报, 2015, 44(6): 1265-1271.

[28] 葛徐骏, 王玲, 徐立华, 等. ProMiner: 系统性质驱动的双向一致性检验框架. 软件学报, 2016, 27(7): 1757-1771.

[29] 梁常建, 李永明. 具有模糊时态的广义可能性线性时序逻辑的模型检测. 电子学报, 2017, 45(12): 2971-2977.

[30] 张业迪, 宋富. 异构多智能体系统模型检查. 软件学报, 2018, 29(6): 72-84.

[31] 李运筹, 尹平, 尹良泽. VASR-CBMC: 基于变量子图的多线程程序验证. 计算机应用研究, 2018, 35(8): 2393-2396.

[32] Navabpour S, Joshi Y, Wu W, et al. RiTHM: a tool for enabling time-triggered runtime verification for C programs//Proceedings of the 9th Joint Meeting on Foundations of Software Engineering, Saint Petersburg, 2013: 603-606.

[33] Barnat J, Brim L, Havel V, et al. DiVinE 3.0: an explicit-state model checker for multithreaded C & C++ programs//International Conference on Computer Aided Verification, Saint Petersburg, 2013: 863-868.

[34] Din C C, Bubel R, Hähnle R. KeY-ABS: a deductive verification tool for the concurrent modelling language ABS//International Conference on Automated Deduction, Cham, 2015: 517-526.

[35] Lomuscio A, Qu H, Raimondi F. MCMAS: an open-source model checker for the verification of multi-agent systems. International Journal on Software Tools for Technology Transfer, 2017, 19(1): 9 30.

[36] Ngo V C, Legay A. Formal verification of probabilistic SystemC models with statistical model checking. Journal of Software: Evolution and Process, 2018, 30(3): e1890.

[37] 石刚, 王生原, 董渊, 等. 同步数据流语言可信编译器的构造. 软件学报, 2014, 25(2): 341-356.

[38] 韩世宁. 基于 PCL 的安全协议匿名性形式化分析方法的研究. 兰州: 兰州理工大学, 2014.

[39] 詹业兵. 基于相继式演算的一阶逻辑定理证明器设计与实现. 杭州: 浙江大学, 2015.

[40] 张恒若, 付明. 基于 Z3 的 Coq 自动证明策略的设计和实现. 软件学报, 2017, 28(4): 819-826.

[41] 宋丽华, 王海涛, 季晓君, 等. 文件比较算法 fcomp 在 Isabelle/HOL 中的验证. 软件学报, 2017, 28(2): 203-215.

[42] 钱振江, 刘永俊, 姚宇峰, 等. 微内核架构内存管理的形式化设计和验证方法研究. 电子学报, 2017, 45(1): 251-256.

[43] King T, Barrett C, Tinelli C. Leveraging linear and mixed integer programming for

SMT//Proceedings of the IEEE Formal Methods in Computer-Aided Design, Lausanne, 2014.

[44] Li W, Passmore G O, Paulson L C. A complete decision procedure for univariate polynomial problems in Isabelle/HOL. Journal of Automated Reasoning, 2015.

[45] Zhang M, Frédéric M, Zhu H. An SMT-based approach to the formal analysis of MARTE/CCSL//International Conference on Formal Engineering Methods, Cham, 2016: 433-449.

[46] Rashid A, Hasan O. Formal analysis of robotic cell injection systems using theorem proving//International Workshop on Design, Modeling and Evaluation of Cyber Physical Systems, Seoul, 2017: 127-141.

第 2 章　形式化方法基本理论

2.1　形式化方法概述

形式化方法是一种以数学为基础的技术，使得在系统设计和实施的不同步骤中达到可证明的正确性和可靠性，从而给系统开发一个坚实的基础。一般认为形式化方法始于 20 世纪 60 年代末，当时由于"软件危机"，人们试图用数学证明程序的正确性而发展成为各种程序验证方法。一直以来，形式化方法成为人们解决软件不可靠的最大希望。

形式化方法的意义在于它能帮助发现其他方法不容易发现的系统描述的不一致、不明确或不完整，有助于增加软件开发人员对系统的理解，因此形式化方法是提高软件系统，特别是安全攸关系统的安全性与可靠性的重要手段。

形式化分析一般可以分成以下三个步骤。

(1)建模。为要验证的系统建立一个数学模型，用精确可靠的方式将要验证的系统抽象成数学模型来表达，从而去掉不重要的细节，便于简单有效地推理。

(2)规约。利用建立的数学模型将系统所要求的性质规约表述，便于形式化推导和验证。

(3)验证。在建立的数学模型中推理说明系统的性质是否满足，最好推理过程可以自动化。

形式化方法在协议开发中的应用研究也始于 60 年代末。人们首先开展了安全协议的各种形式化模型的研究工作，如 Petri 网[1]、有限状态机和形式语言等。在此基础上，建立了协议的标准形式描述语言，如 Estelle、SDL 和 LOTOS[2-4]等。目前，随着形式化技术的日趋完善，网络协议的开发已逐步从非形式化描述、手工方法实现过渡到以形式化描述技术为基础，渗透到网络协议分析、综合和测试等各环节的软件工程方法。同时，已开发出支持协议开发活动中形式化描述、正确性验证、性能分析、自动代码生成和一致性测试等方面的众多软件工具。

形式化方法应用在电路设计和协议设计上取得了很大的成绩。如何在安全协议的设计和分析中使用形式化方法，以提高安全协议的可靠性，是关于安全协议的研究热点。

2.2　模　态　逻　辑

模态逻辑方法是分析安全协议最直接且最简单的一种方法。它们由一些命题和推理规则组成，命题表示主体对消息的知识或信念。而应用推理规则可以从已知的知识和信念推导出新的知识和信念。在这类方法中有许多逻辑，其中最著名的就是 BAN 逻辑和 BAN 类逻辑，以及专门用于分析验证电子商务协议的 Kailar 逻辑[5]。

2.2.1　BAN 逻辑

Burrows、Abadi 和 Needham 在 1989 年提出了 BAN 逻辑，之所以称为 BAN 逻辑是因为它是由 Burrows、Abadi 和 Needham 三人合作创立的。BAN 逻辑是关于主体信念以及用于从已有信念推导出新的信念的推理规则逻辑。这种逻辑通过对认证协议的运行进行形式化分析，研究认证双方通过相互发送和接收消息能否从最初的信念逐渐发展到协议运行最终要达到的目的。如果在协议执行结束时未能建立起关于诸如共享通信密钥和对方身份等信念，则表明这一协议有安全缺陷。

BAN 逻辑使用了关于知识的理论模型的若干概念，简述如下。

分布式环境由参与者组成。参与者是一个状态机，它们之间由通信通道相连，任何参与者能够在任何通道上传送消息，能够看到并修改任何经过通道的消息。

协议是一个分布式算法。协议决定参与者依据它们的内部状态来发送相应消息的一次运行(又称为会话)。

每个参与者在协议的会话中都有若干个集合，这些集合用于描述当前参与者所相信的集合，参与者拥有的公式集合以及其他用户所具备的可变动的属性集合。公式集合是一个比特串名，在一次运行中有特定的值。

一个基本的语句反映一个公式的若干属性。语句可以连接，连接具有可交换性和联合性。

BAN 逻辑的语法和语义如下所述。需要说明的是，在有关 BAN 逻辑的文献中，所采用的记号与记法不一样。例如，有的文献中用符号“|≡”表示“相信”，而有的文献则直接采用文字“believes”表示。为便于读者查阅有关文献，下面列出表示方法。

P、Q 表示参加协议的主体；

K 表示密钥；

X、Y 表示公式，为协议中消息的含义；

$\{X\}K$ 表示对 X 进行加密，加密密钥是 K；

$<X>Y$ 表示消息 X 和秘密 Y 的级联，Y 的出现证明了使用消息$<X>Y$的主体的身份；

$P \rightarrow Q : (X)$ 表示主体 P 发送消息 X 给 Q；

$P \models X$ 或 P believes X 表示主体 P 相信公式 X 是真的；

$P \triangleleft X$ 或 P sees X 表示主体 P 接收到了包含 X 的消息，即存在某主体 Q 向 P 发送了包含 X 的消息；

$P \mid\sim X$ 或 P said X 表示主体 P 曾发送过一条包含 X 的消息；

$P \mid\Rightarrow X$ 或 P controls X 表示主体 P 对 X 有仲裁权；

$\#(X)$ 或 fresh(X) 表示 X 是本轮协议运行中产生的新鲜随机数；

$P \xleftarrow{K} Q$ 表示 K 是 P 和 Q 共享的会话密钥；

$\xrightarrow{K} P$ 表示 K 是 P 的公开密钥；

$P \xLeftrightarrow{X} Q$ 表示 X 是 P 与 Q 的共享秘密，且除 P 和 Q 以及它们相信的主体之外，其他主体不知道 X。

BAN 逻辑的推导规则直观地反映了逻辑公式构造的含义，共有 19 条，下面将第 n 条推理规则简记为 R_n。以下推理规则中，$\vdash$ 是元语言符号，$\Gamma \vdash C$ 表示可以由前提集 Γ 推导出结论 C。

BAN 逻辑包含以下规则。

(1) 消息意义规则。

它的作用是从加密消息所使用密钥以及消息中包含的秘密来推断消息发送者的身份，共有三条，即

$$P \models Q \xleftarrow{K} P, P \triangleleft \{X\}_K \quad \vdash \quad P \models Q \mid\sim X$$

$$P \models Q \xrightarrow{} P, P \triangleleft \{X\}_{K^{-1}} \quad \vdash \quad P \models Q \mid\sim X$$

$$P \models P \xLeftrightarrow{K} Q, P \triangleleft \{X\}_Y \quad \vdash \quad P \models Q \mid\sim X$$

上述三条规则为 BAN 逻辑提供了认证检测。前两条规则表明如果收到一条加密消息，那么只有拥有此条加密密钥(或密钥的逆)的主体能够发送这条消息。同样，第三条规则运用了非密钥的秘密信息，作为消息出处的判定依据。

(2) 随机数验证规则。

它可使主体推知其他主体的信念，只有一条，即

$$P \models \#(X), P \models Q \mid\sim X \quad \vdash \quad P \models Q \models X$$

(3) 仲裁规则。

只有一条，即

$$P \models Q \mid\Rightarrow X, P \models Q \models X \quad \vdash \quad P \models X$$

(4) 接收消息规则。

共有五条，即

$$P \triangleleft (X, Y) \;\vdash\; P \triangleleft X$$
$$P \triangleleft < X >_Y \;\vdash\; P \triangleleft X$$
$$P \mid\equiv P \xleftrightarrow{K} Q, P \triangleleft \{X\}_K \;\vdash\; P \triangleleft X$$
$$P \mid\equiv Q \xrightarrow{K} P, P \triangleleft \{X\}_K \;\vdash\; P \triangleleft X$$
$$P \mid\equiv Q \xrightarrow{K} P, P \triangleleft \{X\}_{K^{-1}} \;\vdash\; P \triangleleft X$$

上述推理规则表明如果一个主体曾收到一个公式，且该主体知道相关的密钥，则该主体曾收到该公式组成部分。

(5)消息新鲜性规则。

$$P \mid\equiv \#(X) \;\vdash\; P \mid\equiv (X, Y)$$

此规则表明如果一个公式的一部分是新鲜的，则该公式全部是新鲜的。

(6)信念规则。共有四条，反映了信念在消息的级联与分割的不同操作中的一致性以及信念在此类操作中的传递性，即

$$P \mid\equiv X, P \mid\equiv Y \;\vdash\; P \mid\equiv (X, Y)$$
$$P \mid\equiv (X, Y) \;\vdash\; P \mid\equiv X$$
$$P \mid\equiv Q \mid\equiv (X, Y) \;\vdash\; P \mid\equiv Q \mid\equiv X$$
$$P \mid\equiv Q \mid\sim (X, Y) \;\vdash\; P \mid\equiv Q \mid\sim X$$

这些规则表明如果 P 相信 X 和 Y，那么 P 相信 X 和 Y 的级联，反之亦然；并且如果 P 相信 Q 相信消息 X 和 Y 的级联，那么 P 相信 Q 相信消息的每一部分。

(7)密钥与秘密规则。

密钥与秘密规则共有四条，即

$$P \mid\equiv R \xleftrightarrow{K} R' \;\vdash\; P \mid\equiv R' \xleftrightarrow{K} R$$
$$P \mid\equiv Q \mid\equiv R \xleftrightarrow{K} R' \;\vdash\; P \mid\equiv Q \mid\equiv R' \xleftrightarrow{K} R$$
$$P \mid\equiv R \xrightleftharpoons{X} R' \;\vdash\; P \mid\equiv R' \xrightleftharpoons{X} R$$
$$P \mid\equiv Q \mid\equiv R \xrightleftharpoons{X} R' \;\vdash\; P \mid\equiv Q \mid\equiv R' \xrightleftharpoons{X} R$$

一般而言，BAN 逻辑对协议的形式化分析分为以下四步。

(1)用逻辑语言对系统的初始状态进行描述，建立初始假设集合。

(2)建立理想化协议模型，将协议的实际消息转换成 BAN 逻辑所能识别的公式。

(3)形式化说明协议将达成的目标。

(4)运用公理和推理规则以及协议会话事实和假设，从协议的开始进行推证直至协议是否满足其最终运行目标。

用 BAN 逻辑进行安全协议形式化分析的第一步就是对协议进行理想化，即将协议的一般说明转化为可被逻辑系统所理解的形式。这样做是由于原始的协议说明中常存在着歧义，如协议中最为常用的语句：$P \rightarrow Q : \text{message}$，该语句表示 P

发送消息，Q 接收消息。但其意义模糊，故不能直接用于形式化分析中。如对于一个用会话密钥加密的消息，很难判断消息的哪一部分是新鲜的，或者谁真正知道会话密钥，因此要对协议的每一步消息进行理想化。

在消息理想化步骤中，省略掉了对于推知主体信念无用的部分，如消息中的明文部分。但是，协议的理想化却过于依赖分析者的直觉。Woo 和 Lam[6]指出，协议的理想化使得在原始协议与理想化协议之间存在一个潜在的语义鸿沟。

BAN 逻辑证明的正确性严重依赖于前几步，但是前三步在有效达成其目标上存在一系列问题。尤其是第一步协议的理想化过程，其困难程度超出了人们的想象。协议理想化是将协议过程语言中对协议主体行为的描述解释为逻辑语言描述的主体的知识和信念，并以此来表示协议说明的含义。但现有的逻辑形式化分析系统都不能对这一问题给出很好的回答。

即使对协议的行为做出了准确的解释，也不能保证能够正确理解协议设计者的真实意图。因此，虽然对主体行为理解不存在任何歧义，但仍可能存在对同一协议有两种理想化的结果。

BAN 逻辑的缺陷表现在以下几个方面：非标准的理想化协议进程、不合理的假设和无法检查协议运行的违规现象。

2.2.2　BAN 类逻辑

对 BAN 逻辑自身进行扩充导致了 BAN 类逻辑的产生，如 GNY 逻辑、AT 逻辑、VO 逻辑和 SVO 逻辑等。GNY 逻辑是在 1990 年由 Gong、Needham 和 Yahalom 提出的。BAN 逻辑存在不可逾越的障碍使得其应用受到限制，GNY 逻辑试图消除 BAN 逻辑中对主体诚实性的假设、消息源假设和可识别假设，并对 BAN 逻辑进行了改进：取消了一些全局假设，增加了 BAN 逻辑的分析能力；引入了可识别性的概念，用于描述主体对其所期望的消息格式的识别能力；区分断言集合和符号集合；加入了若干 fresh 判断法则。

但是，GNY 逻辑为了消除 BAN 逻辑中的假设，引入了多达 41 条的推理规则，过于复杂使其应用受到很大的限制。BAN 逻辑和 GNY 逻辑成功地分析了一些协议的缺陷，但它们都没有对逻辑系统自身进行形式化语义分析。因此，Abadi 和 Turtle 提出了 AT 逻辑。一方面，AT 逻辑从语义的角度分析了 BAN 逻辑，并进行了改进。另一方面，AT 逻辑给出了形式化语义，并证明了其推理系统的合理性。作为形式化分析工具，AT 逻辑比 BAN 逻辑和 GNY 逻辑更加自然和简洁，分析能力也更强，但它没有提供基于公钥体制的分析方法。同时，有些公理也存在着缺陷。SVO 逻辑吸取了上述逻辑的优点，将它们集成在一个逻辑系统中。在形式化语义方面，SVO 逻辑对一些概念做了重新定义，取消了前述逻辑的一些限制，因此 SVO 逻辑是 BAN 类逻辑中的佼佼者，它的理论基础更加坚实，在实用上仍然保持了 BAN 逻辑简单和易用的特点，因此被广泛接受。此外，基于知识与信念的逻辑推理方法还有很多，诸如分析与时间相关的协议的 CS 逻辑[7]，为了突破 BAN 逻辑及 BAN 类逻辑对协议主体的假设的局限性而提出的 KG 逻辑[5]，以及为突破主体信念与知识的单调性而提出的 Nonmonotomic 逻辑[8]等。

2.2.3 Kailar 逻辑

随着电子商务的兴起，Kailar 首先注意到对非否认性和可追究性进行形式化分析的重要性，并指出 BAN 逻辑和 BAN 类逻辑不适于分析非否认协议。其根本原因是，信念逻辑的目的是证明某个主体相信某个公式，而非否认协议的最终目的是某个主体能向公众证明某个公式。为此，Kailar 提出了新的逻辑分析方法，即 Kailar 逻辑。运用 Kailar 逻辑对协议进行形式化分析一般有以下几个步骤：首先明确协议的非否认性或可追究性目标，然后将协议的语句转化成为逻辑公式，并初始化协议假设条件，最后运用已有的推理规则进行形式化分析，看协议是否达到既定目标。

Kailar 逻辑的主要缺陷表现为：首先，Kailar 逻辑只能分析协议的非否认性和可追究性，不能分析协议的公平性。这是其最主要的缺陷，也是 Kailar 逻辑进一步改进的方向。其次，Kailar 逻辑在解释协议语句时，只能解释那些签过名的明文消息，这就限制了它的使用范围。最后，Kailar 逻辑在推理之前需要引入一些初始化假设，而这是一个非形式化的过程，往往不恰当的初始化假设将导致协议分析的失败，这也是一切逻辑方法存在的一个难题。

2.3 模 型 检 测

形式上说，假如一个系统为 S，期望的系统性质为逻辑公式 φ，那么模型检测就是验证系统 S 是否满足 φ，即 $S \models \varphi$ 是否成立。

安全协议的模型检测考虑的是协议的有限行为，检测它们是否满足一些正确条件。该方法更适合于发现协议的攻击，而并非证明协议的正确性。

安全协议模型检测的一般步骤如下。

(1) 对所要检验的安全协议进行抽象。将协议操作行为描述为有限状态系统，这个系统的状态通过与环境的交互，满足一定条件就迁移到另一个状态。

(2) 将系统要满足的性质刻画为逻辑公式。

(3) 用自动的手段检测上述的性质是否在系统的每条路径上都满足。这里的路径是指协议系统的一个可能的运行序列。

因为安全协议的行为是潜在无限的，而模型检测方法只能够处理有限状态的系统，所以在实际应用中，必须对范围加以限制，以至于即使通过模型检测方法没有找到安全协议的漏洞，也不能说明安全协议是没有漏洞的。但是，模型检测方法是完全自动的，它能直观地发现协议的漏洞，所以在安全协议形式化分析方法中担当了非常重要的角色。

2.3.1　FDR

1996 年，Gavin 首先启用通信顺序进程(Communicating Sequence Process，CSP)模型检测工具故障偏差精炼检查器(Failures Divergences Refinement Checker，FDR)，分析并发现了 Needham-Schroder 公钥协议的一个从未发现的漏洞。通常，FDR 接收两个 CSP 进程作为输入，一个是规约(Specification)，另一个是实现(Implementation)，FDR 分析的过程就是检验实现是否满足规约。

2.3.1.1　CSP

CSP 是著名计算机科学家 Hoare 为解决并发现象而提出的进程演算，是一个专为描述并发系统中通过消息交换进行交互的通信实体行为而设计的一种抽象语言，适合于网络协议的描述与分析。正如它的名称所表示的那样，CSP 允许把系统描述为由许多组件组成的整体。这些组件也就是进程，它们的操作是独立的，并且通过命名的通道相互通信。值得注意的是，"进程必须是顺序的限制"这个条件后来被取消掉了，但是该模型的名称保持不变。CSP 的方法非常适合许多问题的结构，从而使得它成为一种强有力的并发系统建模工具。目前以 CSP 为基础分析安全协议的方法有两种，第一种方法是利用模型检测工具 FDR，主要是 Roscoe[9]和 Lowe 等[10]的研究工作；第二种方法是 Schneider[11]提出的秩函数(Rank Functions)方法。

在 CSP 中涉及的基本概念有如下四个。

(1)事件。

协议系统通过其执行的一系列事件加以描述。所有事件的集合记为 Σ。事件可以是结构的原子部分，也可以是由不相交的几部分组成。一个典型的 CSP 事件的形式为：$c.i.j.m$，它包括一个通道 c、一个消息源 i、一个目的地 j 和一个消息 m。

(2)进程。

进程是系统的组成部分，CSP 用进程可能涉及的事件来描述进程，常用的进程如下。

停止进程 Stop 表示不包含任何事件，等价于死锁；

输出进程 $c!v{\to}P$ 表示在通道 c 上输出 v 之后继续进程 P；

输入进程 $c?z{:}T{\to}P(x)$ 表示在通道 c 上可接收类型为 T 的任意输入 x 之后继续进程 $P(x)$；

选择进程 $P \square Q$ 表示在进程 P 与 Q 之间做选择，结果为 P 或 Q；

并发进程 $P|[D]|Q$ 表示 P 与 Q 是并发执行的，并且它们是与同步集合 D 中的事件同步执行的；D 也可以是空的，用 $P|||Q$ 表示；$|||:P$:只表示多个进程的并发；

递归进程 $P = \alpha \to \beta \to P$ 表示进程一直交替执行 α 和 β。

（3）路径（也称踪迹）。

进程 P 可能执行的事件序列用路径（trace(P)）表示，与路径有关的操作如下。

tr$\uparrow D$ 表示 tr 中由 D 中事件组成的最大子序列；

tr$\downarrow C$ 表示在 C 上传输的最长的消息序列；

tr$\Downarrow C$ 表示在 C 中某些通道上传输的消息集合；

σ(tr) 表示在路径 tr 上出现的事件集合。

（4）规约。

规约是对路径的断言，一个进程满足一个规约 S 当且仅当其所有路径满足 S，描述为

$$P \text{ sat } S \Leftrightarrow \forall \text{tr} \in \text{traces}(P).S$$

安全协议可以很容易地使用 CSP 建模。但在不同的文献中表述可能有所不同，这里采用的是 Schneider 在文献[11]中提出的方法。User 是网络中参与协议的主体，攻击者 ENEMY 完全控制网络，利用通道 trans 或 rec 传输和接收消息，设 User$_i$ 分别通过 trans.i 和 rec.i 传输和接收消息，网络就可以用 CSP 进程表示为

$$\text{NET} = (||| (i \in \text{User}_i)) |[\text{trans, rec}]| \text{ENEMY}$$

其中，[trans, rec] 表示限制所有的事件在通道 trans 和 rec 上执行。CSP 单独为攻击者建模，攻击者既可以是合法的参与者，也可以截获和伪造消息，具有 Dolev-Yao 模型的攻击者能力。

协议的安全性验证，首先将安全协议的问题规约为协议实现的 CSP 进程是否满足 CSP 规约说明的问题，再利用一般目的验证工具 FDR 自动地验证。在 CSP 模型中，安全协议的参与者被看作并发的 CSP 进程，攻击者也被建模为具有多种攻击操作能力（例如，窃听、冒充和重放等）的进程。并发的参与者进程与攻击者进程共同组成了安全协议的系统实现描述，同样也将协议的安全性质（规约）描述为 CSP 进程。例如，保密性可以描述为踪迹中不泄露有关保密消息的进程；而认证性的定义采用了与 Woo 和 Lam 所提出的对应性[6]类似的"一致性"定义，它被描述为如下的 CSP 进程：当在其踪迹中出现"主体 B（作为响应者）完成与主体 A（作为协议发起者）的一次协议运行"的事件时，在此事件之前必定出现"A 完成与 B 的一次协议运行"的事件。FDR 接受两个 CSP 进程，其中一个为安全协议的 CSP 进程（作为实现），另外一个则为描述相应安全性质的 CSP 进程（作为规约）。FDR

将通过枚举系统实现的所有行为(踪迹)，检查其是否包含在规约描述的行为当中。当系统实现的行为符合规约时，认为安全协议满足安全性质；当检查失败时，FDR 将返回一个违反规约描述的行为。为了简化建模和分析过程，Lowe 还设计了 Casper 程序[12]，可以从安全协议的抽象描述(类似于消息序列的形式)半自动地产生 CSP 描述。

在文献[11]中，Schneider 还提出了用秩函数的方法证明安全协议的正确性。在 CSP 中，我们说一个进程 P 满足一个性质 φ 当且仅当在 P 产生的所有踪迹上都成立。许多基于 CSP 踪迹的结果能够用于协议保密性和认证性的验证，这些特性与攻击者能得到特殊事实(如一组事件)所需的条件有关。在保密性的情形下，要求一个特殊事实永远不能被攻击者得到。在认证的情形下，我们所关心的是一个事实(正在认证的事件)只能在其他事实(已经认证了的事件)已经发生之后才可能发生。为了达到这个目的，将给每一个事实分配一个值或一个秩，而且希望只有那些有着严格正秩的事实才能够在系统中循环。

Heather 基于秩函数方法证明了如下定理是成立的[13]。

如果存在一个秩函数 $\rho: M \to \{0,1\}$，满足：

①$\forall m \in \text{INIT}, \rho(m) = 1$；

②$\forall S \subseteq M, ((\forall m' \in S, \rho(m') = 1) \wedge S \vdash m) \Rightarrow \rho(m) = 1$；

③$\forall t \in T, \rho(t) = 0$；

④$\forall j, \text{User}_j \,|[R]|\, \text{stop}$ 保持 ρ；

那么 NET 满足 R 在 T 之前。

直觉上秩函数 ρ 映射了攻击者不知道的消息为 0，其他的消息为 1。条件①将初始时攻击者不知道的消息映射为 0。条件②表示了仅仅知道映射为 1 的消息是不可能推理出映射为 0 的消息的。条件③说明了在 T 中所有的消息应该不让攻击者知道；我们说一个迹保持 ρ 是指：如果出现在接收事件中的消息 m 满足 $\rho(m) = 1$，那么出现在发送事件中的消息 m' 应该满足 $\rho(m') = 1$。也就是说，一个进程如果发送一个秘密消息，只有可能以前收到过这个消息。条件④表示秩函数满足在网络中所有的用户必须限制在 T 中的事件。秩函数方法的难点在于找到一个合适的秩函数，在文献[13]中，Heather 和 Schneider 给出了一个如何找到秩函数的算法。但是，当秩函数找不到时并不说明协议有漏洞，所以秩函数定理是不完备的。

2.3.1.2　CSP 协议分析

目前，基于模型检测的 CSP 分析方法一般采用自动化分析工具 FDR 完成。首先得到安全协议的 CSP 模型及其安全属性描述，然后应用模型检测工具 FDR 验证协议的安全性质。FDR 接受协议规约及协议实现两个 CSP 作为输入，然后检查协议的每一个迹是否为协议规约的一个迹。

在生成安全协议的 CSP 描述时，可以手工产生 CSP，但是浪费时间，而且容易出错，目前有专门生成 CSP 描述的编译器，称为 Casper。用户可先利用一种抽象符号产生一份协议描述的输入脚本，然后由 Casper 将脚本编译成适用于 FDR 方法检验的 CSP 代码。

2.3.2　NRL 协议分析器

NRL（Naval Research Laboratory）协议分析器[14,15]是基于 Dolev-Yao 模型的术语重写模型开发的。Dolev-Yao 模型中入侵者对网络具有绝对的控制权，因此总是假设协议中的诚实主体实际上是与入侵者通信，这样便可以将协议理解为是在入侵者控制下的消息产生的过程。如果在入侵者的操纵下能够产生一个或者多个特定的被认为是安全的消息集，那么该协议就是不安全的。NRL 协议分析器模型与 Dolev-Yao 模型的不同之处在于 Dolev-Yao 模型将协议看作产生"词（Words）"的机器，而 NRL 协议分析器模型将协议看作产生"词（Words）"、"信仰（Beliefs）"以及"事件（Events）"的机器。在 NRL 协议分析器模型中，协议的每一个参与者主体都拥有一个信仰集，信仰是随着消息的接收或产生而发生变化的；而消息是由词构成的，消息的发送取决于主体的信仰及主体接收到的消息；事件则代表了词的产生或信仰的修改等状态转换的过程。因此，控制着消息分发的入侵者可以利用协议的执行来产生词、信仰和事件等。

NRL 协议分析器包括如下四部分。

（1）第一部分包括用于控制诚实主体行为的转换规则。它包括描述可能出现的系统错误（而并非为攻击者行为所致），如会话密钥的崩溃。一个转换规则包括：规则启动前必须成立的条件，条件描述了攻击者必须知道的句子；规则启动后句子为攻击者所知条件的成立；一个事件语句用于记录规则启动后其行为。规则如下所述。

规则启动前句子必须由攻击者输入；

规则启动前局部状态变量值必须成立；

主体输出句子（可为攻击者获知）应在规则启动之后；

规则启动后局部状态变量值可更新。

（2）第二部分描述了合法主体和攻击者的操作，如加密和解密运算。

如果一个操作可为攻击者执行，分析器将这些操作解释为与上述规则类似的转换规则，只是用攻击者取代相应的主体。一些操作是系统嵌入式的，如级联、搜索消息链的头和 ID 检索。

（3）第三部分描述了用于构成协议句子的基本原子术语。

原子术语包括主体标识、密钥和随机数等。在原子术语的最后一个域，说明此术语是否为攻击者所知。

（4）第四部分描述描述了操作遵守的重写规则，如句子的再生。

在 NRL 协议分析器中，攻击者的目的并不仅仅是找到秘密句子，因为对于许多协议，其安全性的破坏并不是由于攻击者知道了秘密句子，而是攻击者使一个协议主体相信一个句子具有它本身并不具有的特性。例如，攻击者使主体将一个已为攻击者所知的句子视为会话密钥从而造成协议的失败。因此在 NRL 协议分析器的模型中，每一个诚实主体是用具有一簇局部状态变量的一个状态机表示的，这些局部状态变量与协议说明相关。

NRL 协议分析器通过定义一个不安全状态来检查协议是否是安全的。分析器从此不安全状态开始倒推，直到它或者达到协议的一个初始状态或者结果表明每一个路径都起始于一个不可达状态。前者表明协议是不安全的，并给出一个具体的攻击。NRL 协议分析器对协议的执行轮数、主体数、交错执行数和密码运算的执行数是不限制的，这导致了搜索空间的无穷性。如果对此不加以控制，搜索是不会停止的。NRL 协议分析器提出了几种解决此问题的方法。

(1)不完全质询。

当分析器描述一个输入状态时，分析者可选择是质询状态的一部分还是全部。例如，如果一个状态包括一个攻击者已知的句子和一个对其状态变量赋值的断言，分析者可要求分析器回答此变量值是如何得到的，而不是回答句子如何获取的。这减少了分析器消息匹配量，并进而缩小了搜索空间。而且对不安全状态的不可达性的证明也是有效的，因为，如果一个状态的部分是不可达的，那么整个状态也是不可达的。因此，如果通过这种方法找到一个攻击，那么可以通过对全部状态的质询以重新发现新的攻击是否有效。

(2)状态合成。

在许多情况下分析器能够证明某些特定状态是不可达的，或者只在某些条件下(状态变量取某一值)成立。例如，假设由密钥服务器生成的所有会话密钥表示为 seskey(server,N)，以及用于验证消息新鲜性的所有随机数表示为 rand(A,M)。这两个表达式的第一项是发起者的标识，第二项是表达式生成的当地时间。进一步假设有一个状态变量 W 用于表示主体作为会话密钥接收的第一个句子，那么可以证明，W 的形式不可以为 rand(A,M)(随机数不能被当作密钥来接收)，或者 W 的形式只能为 seskey(server,N)。如果 NRL 协议分析器证明某一个状态是不可达的，或者在某种条件下是可达的，那么它可以将这一状态存储在状态器(State Unifier)中。在以后的搜索过程中再遇到此状态时，NRL 分析器将对此状态进行判断，如果此状态已被证明是不可达的，则被忽略掉；如果此状态已被证明在某种条件下可达，则证明所依赖的条件是成立的。目前 NRL 协议分析器的一个十分重要的工作是判断哪一个是更有用的状态，应被放入 SU 中。

NRL 协议分析器的发展阶段分为三个阶段。每一个阶段都为使用者进行协议分析时提供了大量的自动化帮助，并且沿着自动化这一思路，分析器得到了进一步的发展，并取得了一定的成果。具体而言，在第一个阶段，NRL 协议分析器只是给出了一个已知状态前的所有状态的一个完整描述，分析器的这一版本分析了一些简单的协议。上述的形式化语言就是在这一阶段产生的。在第二个阶段，使用者可以选择使 NRL 协议分析器回避一些已被证明是不可达成的状态。此阶段的 NRL 协议分析器分析出了 SSB 协议和 BM 协议以前未被发现的漏洞。在第三个阶段，也就是目前发展的阶段，分析器已经不仅能记录人工证明，并在很多情况下可进行自动证明，它使得在搜索空间足够小的情况下穷举搜索成为可能。

Millen 开发的系统 Interrogator[14]，通过遍历全部状态来查找协议安全漏洞。NRL 协议分析器与 Interrogator 相比是有区别的，体现在如下几个方面。

（1）Interrogator 是前推搜索，即从初始状态起寻找到达最终的不安全状态的可能路径；NRL 协议分析器则是倒推搜索，即从最终的不安全状态寻找是否存在可到达初始状态的路径。

（2）NRL 协议分析器对同一路径中协议的执行轮数是不限制的，所以状态空间是无限的。这使得分析器能够发现攻击者针对不同协议轮在一起执行可能造成的攻击。

（3）两者的最大不同是，NRL 协议分析器的目的不仅仅是寻找到达不安全状态的路径，而且重点在于证明安全状态是不可达的。这可以在一定程度上缓解状态空间爆炸问题，但由于证明是人工的，故自动化程度就不如 Interrogator。

2.3.3　Murφ

Murφ[13,14]是一种在工业协议方面，尤其是在多处理器缓存同步协议和多处理器内存模式等领域应用很广的一种协议验证工具，包括 Murφ 描述语言和 Murφ 编程程序。Murφ 描述语言是一种描述有限状态异步并发系统的高级编程语言，而 Murφ 编译器则为 Murφ。

程序生成 C++程序。使用该工具进行验证时需要先将协议用 Murφ 程序描述出来，然后用所需的属性约束描述出的模型，诸如可达状态是否为错误语句，或是否违反了不变式，以及死锁等。Murφ 系统将自动检查模型的所有可达状态是否满足该约束，这一过程通过对所有可能的状态进行枚举来实现。状态枚举过程可以采用深度优先搜索策略，也可以采用广度优先搜索策略。搜索过程中的所有可达状态都存在于一个 Hash 表中，从而可以避免对已达状态的重复访问。

2.3.3.1　Murφ 描述语言

一个 Murφ 程序包括常量和类型、变量说明、转换规则、初始状态生成规则和不变式描述。Murφ 语言是一种用于描述非确定性有限状态自动机的高级语言，它的许多方面与传统编程语言很相似,只是增加了对有限自动机模型功能的描述,如图 2.1 所示。

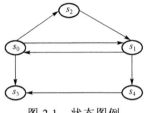

图 2.1　状态图例

模型的状态定义为所有全局变量取值的集合。Startstate 语句为这些全局变量进行初始化,状态的转换由规则决定。系统的执行由一个有限或无限的状态序列 $s_0, s_1, \cdots, s_n$ 组成。对于任一个状态 s_i,状态 s_{i+1} 的获得可通过应用在状态 s_i 中条件为真的规则,则状态 s_i 的迁移由此种规则触发。每一个规则有一个布尔条件和一个行为,当条件满足时行为得到执行并进而改变全局变量。由于一个状态可以允许多个行为的执行,因此 Murφ 模型就有多种执行的可能(非确定性)。例如,在安全协议的 Murφ 模型中,攻击者选择重放的消息的行为是非确定性的。

Murφ 语言支持模型规模的可扩充性,模型的规模可通过改变常量声明来实现。一般在进行分析时先分析小规模协议,如果分析表明该小规模协议是正确的,则逐步加大该协议的规模进行验证。在多数情况下,一个协议(通常具有无限状态)的安全缺陷通常体现在一个与其功能等价的具有有限状态的较小规模协议中;反之,Murφ 系统只能保证状态有限的小规模协议的安全性,而不能确保一般协议的正确性。

2.3.3.2　Murφ 协议分析过程

采用 Murφ 系统分析协议的过程如下。

(1)协议形式化描述,确定协议主体接收的消息。

(2)在系统中加入一个入侵者。该入侵者可以和协议的诚实主题发起通信,并且控制着网络资源,具有窃听、获取、删除消息、在已知密钥的情况下解密密文消息和通过其已知的消息产生新的消息等能力。

(3)声明协议正确性成立所需的条件。

(4)确定协议规模并运行协议进行分析。

(5)改变某些协议公式反复检测。

2.3.3.3　Murφ 的局限性及发展

Murφ 工具对协议的运行环境统一考虑,为协议的运行定义所有可能的状态,并为此产生非确定性有限状态自动机模型,这无疑是对安全协议的最完备的分析手段。但如果不采用优化算法，即使用对简单协议的分析也需要大量的时间与空间。即使对自动机的状态和转换规则进行改进，但由于其对系统参数的敏感性和实验条件的限制，也只能得到有限的安全性结论。

安全协议的形式化工具和其他网络领域中的协议的形式化工具是一样的，都是在一些数学工具以及形式语言和形式语义等学科的基础上发展而来，Murφ 就是这样一个具有代表性的工具。因此，借鉴网络通信协议等领域的形式化工具，在其基础上增加有关的安全概念，并在网络结构设计时嵌入安全协议模块加以分析，可以作为安全协议形式化分析的一个研究领域。

2.3.4　SPIN

SPIN（Simple Promela Interpreter）是由 Holzmann 开发的分析并发系统逻辑一致性的工具，被应用于追踪分布式系统设计中的逻辑设计错误，如操作系统、安全通信协议、交换系统、并发算法、铁路信令协议和航天器控制软件等。SPIN 作为一种著名的模型检测工具，凭借简洁明了和高自动化程度而备受注目，同时获得 ACM 高度认可。

SPIN 提供了 Promela 语言编译环境，研究者将待验证的对象转化为 Promela 模型 M，同时运用线性时态逻辑（LTL）明确表达系统要达到的目标，即刻画系统应满足的性质 φ。将模型 M 和 φ 输入到 SPIN 中，SPIN 将自动验证模型 M 是否满足 φ，即 $M \models \varphi$。验证结果若不满足，表示模型 M 存在性质违反，SPIN 将给出一个反例；若满足，表示模型 M 符合当前所述的安全属性，并提供验证参数。SPIN 模拟与验证结构如图 2.2 所示。

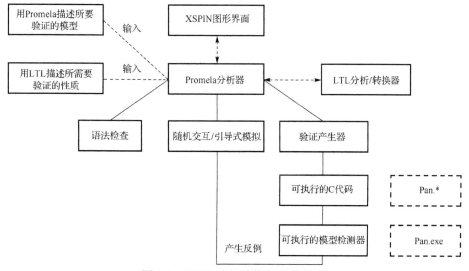

图 2.2　SPIN 工具结构与工作机理

2.3.4.1　Promela 建模语言

Promela 是一种描述并发系统的建模语言,用于有限状态机系统建模。Promela 语言利用进程定义系统行为,　允许动态创建进程,通过消息通道实现系统不同进程间的信息交换,语法与 C 语言类似。Promela 语言结构特性如下。

(1)数据类型。

基本数据类型:bit、bool、byte、short、int、unsigned。各变量取值范围如表 2.1 所示。

表 2.1　Promela 语言基本数据类型

类型	取值范围	大小/bit
bit、bool	0、1、false、true	1
byte	$0, \cdots, 255$	8
short	$-32768, \cdots, 32767$	12
int	$-2^{31}, \cdots, 2^{31}-1$	32
unsigned	$0, \cdots, 2^{n}-1$	$\leqslant 32$

数组定义和用法与 C 语言类似。如 int $a[10]$,数组索引下标从 0 开始。

枚举类型:定义形如 mtype=$\{A,B,C,\cdots\}$,最多可包含 255 个 byte 常量。

结构类型:定义和用法与 C 语言类似。比如定义一个 Message 结构类型,有

```
typedef Message{
    byte source;
    byte destination;
}
```

(2)进程。

Promela 中描述系统行为由一系列定义的进程完成,　进程的关键字为 proctype,其语法可类比 C 语言中的函数定义。一个 Promela 模型至少需包含一个进程体,一个进程体至少需包含一条语句,进程可用关键字 run 或 active 实例化。

(3)消息通道。

消息通道可实现不同进程之间的通信,关键字为 chan,相当于一个消息队列。消息通道的定义为

chan channel = [capacity] of{ typename, ···, typename }

其中,channel 表示消息通道名称;capacity 表示通道能容纳消息个数,若 capacity 为 0 表示进程间同步通信,即消息的发送和接收将同步进行;若 capacity 为大于

等于 0 的正整数表示进程间异步通信,即消息的发送和接收将异步进行;typename 为消息通道可传递的消息类型。

对消息通道操作分为发送和接收,定义为

$$channel!\ t_1,t_2,\cdots,t_n \qquad //发送语句$$

$$channel?\ var_1,var_2,\cdots,var_n \qquad //接收语句$$

第一条语句表示向 channel 中发送一条消息,当且仅当消息通道未满时才可执行;第二条语句表示从 channel 中接收一条最早的消息,并赋值给各个对应的 var_i,当且仅当通道队列不为空时执行。

(4)选择与循环。

选择结构与经典的 if-statement 类似,但在 Promela 中 if 结构语句是并发执行的。如下所示代码中,若 $x \geq 0$ 则执行 state1;若 $x < 0$ 则执行 state2,否则跳出选择结构;若有多条语句都满足执行条件,将随机选择执行某条语句。

```
if
    ::(x >= 0)  ->  state1
    ::(x < 0)  ->  state2
    ::else  ->  skip
fi
```

循环结构使用 do 关键字定义,且循环体中操作语句将随机且无限执行下去,但可用 goto 或 break 跳出循环。如下代码所示--x、++x、$x==0$ 将随机执行,若执行到 $x==0$,则会跳出循环体。

```
byte x
active proctype P(){
    do
        ::++x;
        ::--x;
        ::(x==0)  ->break;
    od;
}
```

(5)原子序列。

在模型建立过程中,有时需要编写比单个赋值语句更为复杂的原子操作,即操作语句序列需要以原子方式顺序执行,不能被外部中断。Promela 语言提供关键字 atomic 和 d_step 以实现原子操作,相当于原子序列块中的代码总体以一条语句执行。不同的是 d_step 块中操作定义更为严格,不允许使用 goto 语句跳入或跳出,也不能出现不确定性语句。

2.3.4.2　线性时态逻辑

时态逻辑(Temporal Logics)是一种描述并发系统中状态迁移序列的形式化方法，在模型检测中常用来描述并发系统性质。时态逻辑包括计算树逻辑(Computation Trees Logic，CTL)和线性时态逻辑(LTL)。在 SPIN 中用 LTL 来刻画安全协议性质，LTL 常用符号如表 2.2 所示。

表 2.2　LTL 中常用符号及意义

符号	意义
&&	逻辑与(And)
||	逻辑或(Or)
!	逻辑非(Not)
→	蕴含(Implies)
↔	等价(Equivalent)
◇	总归(Eventually)，表示最终一定会到达某个状态
□	总是(Always)，表示永远处于某个状态
U	直到(Until)，$p\,U\,q$ 表示直到 q 为真，p 总是为真

假设 p 和 q 为原子命题，公式 $□(r → !pUq)$ 表示：总是有 r 为真能得到，直到 q 为真之前 p 一直为假。

2.4　定　理　证　明

定理证明方法简单来说就是数学方法。这种方法考虑安全协议的所有行为，并且验证这些行为满足一些正确条件。一般采用这种方法证明协议的安全性，难以发现协议的缺陷。而且，基于定理证明的方法在自动化方面无法与模型检测方法比拟。

定理证明的一般步骤如下。

(1)用一组代数或者逻辑公式定义安全协议的行为，构成系统的行为集。用一组公理和系统的行为集作为推理证明的基础公式集。

(2)将所期望的系统行为和性质描述成为一组公式，称为定理。

(3)从基础公式集出发，进行定理证明过程，以达到所期望的结果。

定理证明的过程中有些部分是可以自动化的。这样的自动证明系统称为定理证明器。定理证明器与模型检测系统不同，通常需要人的帮助。

定理证明由公理、假设和推理规则组成。系统通常要考虑两个性质，一个是可靠性(Soundness)，另一个是完备性(Completeness)。可靠性是指系统证明出的每个定理都是语义正确的，而完备性指所有语义正确的定理都可以通过这个系统推理出来。完备性是一个非常强的性质，通常的系统无法保证，但可靠性是每个系统都必须具备的，否则就会产生矛盾结果。

2.4.1 Paulson 归纳法

Paulson 提出了用归纳证明思想验证安全协议的正确性[16]。该方法借助了他的定理证明器 Isabelle[17]可部分实现自动证明。关于 Paulson 归纳法的完整描述可以参见文献[18]。随后，Paulson 运用归纳法分析了大量的安全协议，包括一些实际运用的协议，如 Kerberos 协议[19]和 SET 协议[20,21]等。

在 Paulson 归纳法中，一个安全协议被归纳地定义为事件的迹的集合。最常见的是"Says A B X"，表示 A 发送消息 X 给 B 这个事件；另一种可能的事件是"Notes A X"，表示 A 内部存储 X。每个主体的状态由其初始知识以及从事件表中的所得来表示。除攻击者外，所有主体只接收发送给它们的消息。协议步骤被模型化为一个路径通过增加新事件的所有可能的扩展。具体的建模方法可以参见文献[18]。

Paulson 归纳法包括 parts、analz 和 synth 三个操作，每一个操作符都归纳地定义了在给定推理规则下的最小闭集。如果 H 表示一个主体的初始知识和一条路径中所有发送的消息，那么每个操作可从 H 的消息中衍生出新的消息以扩充 H。

集合 parts H 通过不断地在 H 中增加混合消息和加密消息来获得，表示了 H 的所有可能的组成部分，有可能使用额外的密钥。$X \notin$ parts H 表示 X 未在 H 中出现。关于 parts 的公式为

$$\text{Crypt } KX \in \text{parts } H \Rightarrow X \in \text{parts } H$$
$$\text{parts } G \cup \text{parts } H = \text{parts}(G \cup H)$$

集合 analz H 通过不断地在 H 中增加混合消息和可用集合中的密钥解密的消息来获得。如果 $K \notin$ analz H，那么通过监听 H 将不能获知 K。关于 analz 的公式为

$$\text{Crypt } KX \in \text{analz } H, K^{-1} \in \text{analz} \Rightarrow X \in \text{analz } H$$
$$\text{analz } G \cup \text{analz } H = \text{analz}(G \cup H)$$
$$\text{analz } H \subseteq \text{parts } H$$

集合 synth H 是攻击者通过不断增加主体标识，构造混合消息和用 H 中密钥生成加密消息来从 H 中获得。关于 synth 的公式为

$$X \in \text{synth } H, K \in H \Rightarrow \text{Crypt } KX \in \text{synth } H$$
$$K \in \text{synth } H \Rightarrow K \in H$$

攻击者具有主动攻击能力，如伪造消息和破解新鲜值是通过推理规则描述的，但消息窃听是被间接描述的。这些规则都应用了 parts、analz 和 synth 三个操作符。

攻击者可以观察网络的所有通信(用集合 H 表示)，并发送从集合 synth(analz H) 中衍生的欺骗消息。在模型中攻击者被视为参与协议运行的一个诚实主体。

数学中的归纳法一般是针对某个与自然数 n 相关的性质 $P(n)$。要证明 $P(n)$ 对于任何自然数都成立，需要说明 $P(0)$ 的正确性，并且在假设 $P(n)$ 正确的情况下，证明 $P(n+1)$ 的正确性。对于安全协议来说，归纳法要说明的是协议的安全属性 P 在协议运行环境下的正确性。这就要证明在任何给定的观察事件集合的扩展下，安全性 P 是满足的。归纳定义要罗列出一个主体或者系统的所有可能的动作，对应的归纳规则使得我们可以推理这些动作的任意有限序列。在 Paulson 归纳法中，安全性通过上述特定操作符描述为路径上的断言，安全协议的分析过程就是应用定理证明器 Isabelle，归纳地证明该协议的所有路径是否满足安全性断言的过程。

2.4.2　串空间模型

串空间模型(Strand Space Model)是 1998 年由 Fabrega 等[22,23]提出的，它汇集了 NRL 协议分析器、CSP 中的秩函数和 Paulson 归纳法的思想。这里仅给出串空间模型的概述，有关串空间的形式化定义可以参见文献[24]。

串(Strand)是协议中某个合法主体或攻击者行为事件的一个序列，由发送和接收的消息组成。对于一个诚实主体，串表示它在某轮协议中的行为。如果这个主体在一段时间内参与了多轮协议，则用不同的串表示，而且不同的主体行为用不同的串表示，攻击者的串中的行为由攻击者获知的消息的发送与接收行为组成。

串空间(Strand Space)是一个串集合，包括不同的参与协议的合法主体的串以及一个攻击者的串。也可将其视为包括在协议有效时间内的所有合法的执行，以及攻击者对这些执行中所包含的消息的所有可能的行为。

丛(Bundle)是串空间的一部分，包括一些合法的或不合法的串，这些串通过发送与接收同一消息而相连，特别地，协议为了达到正确性，协议的每一个丛必须包括每个合法主体的串，涉及主体标志、随机数和会话密钥等项。在一个正确的协议的丛中应该包括攻击者的串，只是它并不能够阻止合法主体达成关于密钥的共识或对某些数据项秘密的保持。

串与丛具有不同的结构。具体而言，串是线性结构，表示一个主体发送和接收消息的序列；而丛是图结构，表示诸多串间的通信。

协议正确性的达成在很大程度上取决于随机数和会话密钥的新鲜性。串空间通过初始发送一个数据项使得只包含一个始发此数据项的串来说明数据项的新鲜性。串空间还可以模拟攻击者对某一数值的不可猜测性，具体说明为在空间中不包括"攻击者在没有接收过一个数值的情况下发送了此数值"。

在串空间模型中，安全性是基于"对应性"断言来定义的。下面说明如何在串空间模型中定义保密性和认证性。

串 R 在从 C 中的节点数目用 C-height 表示。串为 R 的协议参与主体对串为 R' 的主体认证目标如下表示。

对所有的丛 C，给定 i 和 j，串 R 有 C-height i，则 R' 有 C-height j。事实上，C-height 反映了一些动作的发生，而保密性目标可以这样表示：对所有的丛 C 和串 R，给定 i，串 R 有 C-height，则不存在一个节点 n 满足 term$(n)=t$。

term(n) 表示在节点 n 上发送和接收的项，而 t 表示要保持的秘密。

串空间模型的证明方法已被称为 Athena 的工具部分自动实现。Athena 是一种建模校验的混合器，文献[24]给出了与其他安全协议有限状态模型检测器（如 Murφ）之间的比较。

2.4.3　Spi 演算证明方法

基于 Spi 演算的证明方法一般分为两类，第一类是互模拟等价证明，第二类是类型理论证明。近年来，利用类型系统对安全协议进行分析受到广泛关注。这种方法将协议的安全特性要求转化为程序的结构化类型检测，其规则也能用来指导协议的设计。类型系统方法的主要流程是，首先用一种进程描述语言将协议表达出来，然后构造为实现某安全特性而设计的类型系统。如果一个协议的进程表达式能够通过类型检测，那么它就被证明具有该安全特性。

类型系统方法用于安全协议分析最早由 Abadi 提出[25,26]，他在 Spi 演算上加入了与保密性相关的类型系统，并证明了该方法的可靠性，可以检测对称密钥体制下的保密性。很快，这项工作被推广至非对称密钥体制[27]。Abadi 的方法是从信息流控制中得到的启发，并把其应用在安全协议中。其主要思路是将客体分成几个不同的安全等级，并提供一种机制使得不会有信息从高等级进入低等级。类型就是这里的安全等级的一种形式化，而这里的机制就是类型系统。具体来说，Abadi 把数据划分进三个安全等级，用类型表示就是 Public、Secret 和 Any。Public 数据可以与任何人通信，而 Secret 不能被泄露，Any 则是一种任意数据类型。在类型之间 Abadi 还定义了子类型关系(<:)：T<:R 当 $T=R$ 或者 $R=$Any 成立。如果 T<:R，那么任何 T 类型的数据也是 R 型。因为一份 Any 的数据可能是 Secret 的，所以它不能被公开。同样，Any 的数据也有可能是 Public 的，所以它不能被当作秘密来使用。密钥与通信通道也被划分进了这几种类型。类型机制的主要实施原则如下。

(1)用 Public 密钥加密后的密文与被加密数据具有同样的安全等级，而用

Secret 密钥加密后的密文则属于 Public，这表明了加密后的密文可以公开这个事实；

（2）只有 Public 的数据可以在 Public 的通信通道上传输，而 Secret 通道上可以传输各种类型的数据。

这两点是 Abadi 类型系统中的核心观念，接下去定义的具体的类型系统都是围绕着这两条原则。在引入了具体的分别关于环境、项和进程的类型系统后，Abadi 证明如果进程 $P(X)$ 通过类型检查，其中 X 的类型是 Secret 或 Any，那么 $P(X)$ 的两个不同的实例 $P(M)$ 与 $P(M')$ 是测试等价的，即没有观测者能够区分这两个进程。因而也就不能得到 M 或 M' 的值。

Abadi 的成果再次引起了对协议安全性检查的静态技术的兴趣，并且深刻地影响了此后该领域的研究。Gordon 和 Jeffrey 也在另一方面获得进展，他们考虑了对称密码体制和公钥密码体制下认证性的检测[27,28]，提出了一套能检测协议的认证性能否满足的类型系统。Cardelli 等研究了一般的方案，使类型可以动态地创建[29]。Cervasato 在这些工作基础上，设计了一套形式化规约语言 MSR（Multiset Rewriting）[30-32]，能有效地规约地指导设计安全协议。

类型系统为协议的分析提供了一个新的形式基础，将安全性的检测归结为类型检查。与此同时，同样重要的是，分布式系统中保持保密性最关键的、最核心的原理与规则通过类型规则形式化。这些原理规则优美而简洁，非常易于处理，作为设计协议时的指导也很实用。

2.4.4　PCL 证明方法

协议组合逻辑（PCL）[33,34]不仅吸收了模态逻辑的语法，还借鉴了串空间的"线索（Cord）"的概念，同时具有形式化描述协议并行执行的能力，是形式化分析方法的最新研究成果。目前协议组合逻辑已经被大多数密码学家接受并被广泛地应用于网络安全协议的分析，主要用于证明协议的会话认证性和密钥机密性。

2.4.4.1　协议组合逻辑概述

协议组合逻辑是 Datta 于 2005 年正式提出，该逻辑可用于分析基于公私明密码体制的网络协议，使用公理化方法证明协议的安全属性。PCL 中一条重要的思想是，如果与一个行为相关的断言成立，则该断言在任何包含该行为的协议实体中成立。因此该逻辑在证明协议安全属性中，只需推导诚实主体的行为而不用显性推理攻击者的行为。在后续研究中，Datta 等对原有的协议组合逻辑系统进行了扩展，提出一些新的语法和证明规则，能够重复使用这些逻辑和推理规则，从而简化了协议的形式化分析过程。

PCL 是一种特殊的霍尔逻辑(Floyd-Hoare)，该类逻辑的特点是使用程序断言式来表达程序执行的前后状态，其基本语法表达式是 $\varphi[P]\psi$。$\varphi[P]\psi$ 是一种前置-后置断言表达式，P 代表被执行的程序，φ 代表程序 P 执行之前的状态，ψ 代表程序执行之后的状态。协议组合逻辑不同于一般的霍尔逻辑，由于安全协议的复杂性和其构成组件多样性的特点，在逻辑系统中引入了大量密码学原语，重点描述协议中消息的发送与接收动作，且根据时序规则设计了消息的推理规则。

协议组合逻辑的逻辑系统主要由三部分构成：协议建模逻辑、协议逻辑系统和协议证明系统，如图 2.3 所示。

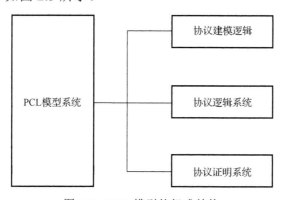

图 2.3　PCL 模型的组成结构

2.4.4.2　基于 PCL 框架的协议模型化

为了描述和分析安全协议的安全属性，不仅需要对安全协议的执行过程进行建模，表示成易于分析的数学对象，还要形式化描述协议的安全属性。协议本身的建模是对协议的执行步骤进行模型化，在协议组合逻辑中，PCL 将协议描述为由协议发起者(Init)和响应者(Resp)组成的角色集合。PCL 在协议建模中，创造性地提出了实体、实例和角色的概念，实体代表参与协议执行的用户，实例代表协议执行中的具体进程，角色代表协议被执行的动作序列。它们之间的关系是，协议的交互过程都由多个实体共同执行,实体执行协议的过程由具体的实例来实现,诚实实例严格按照角色定义的动作序列集合执行协议。

在协议建模中，需要准确且真实地反映协议的诚实主体如何响应攻击者的攻击行为。由于传统的协议建模方法"箭头-消息标记法"，仅仅按照协议预定的且没有攻击者参与的轨迹进行描述，所以不能准确描述协议的真实执行过程。而协议组合逻辑采用基于"线索(Cords)演算"的程序编程语言真实地模拟协议的交互，并形式化描述消息的操作，如加密/解密、随机数生成、签名/验证、消息发送/接收等。"Cords 演算"不仅描述协议的执行过程，还可以描述协议执行过程中的输入和输出。

2.4.4.3　PCL 语法

协议组合逻辑中涉及的基本符号如下。

S 表示任意的串；

t 表示一个消息项（Term）；

$\hat{X}$ 表示参与协议执行的某个实体，X 是协议执行中对应 $\hat{X}$ 的一个具体实例；

a,φ 表示相应的谓词公式，谓词代表协议执行中涉及的具体动作，如发送、接收、签名和验证等。

协议组合逻辑的语法主要包括：行为公式（Action Formulas）、知识公式（Knowledge）、时序公式（Temporal Ordering）、诚实公式（Honesty）和模态公式（Modal Formulas），下面对其进行详细介绍。

（1）行为公式。

行为公式被用于表示实例在协议中执行的相关动作。公式 Send(X,t) 和 Receive(X,t) 分别表示，对应于实体 $\hat{X}$ 的实例 X 发送/接收了消息 t；公式 New(X,t) 表示，对应于实体 $\hat{X}$ 的实例 X 产生了新鲜消息项 t；公式 Encrypt(X,t) 表示，对应于实体 $\hat{X}$ 的实例 X 对明文消息项 t 进行加密动作；公式 Decrypt(X,t) 表示，对应于实体 $\hat{X}$ 的实例 X 对密文消息项 t 进行解密动作；公式 Sign(X,t) 表示，对应于实体 $\hat{X}$ 的实例 X 对消息项 t 进行签名的动作；公式 Verify(X,t) 表示，对应于实体 $\hat{X}$ 的实例 X 对签名项 t 进行验证的动作。在 PCL 中，行为公式在协议的形式化描述和安全属性的验证方面发挥着重要作用。例如，在认证性的形式化分析中，如果实体 $\hat{Y}$ 已经执行了协议中某些特定的动作，则实体 $\hat{X}$ 认为 $\hat{Y}$ 是与之对话的实体。

（2）知识公式。

知识公式表示在协议执行的过程中，实体可能知道的事实。公式 Has(X,t) 表示，对应于实体 $\hat{X}$ 的实例 X 拥有消息 t，而这种拥有（Possess）关系表示消息 t 可能是 X 自身产生，也可能是协议交互过程中接收而得的消息。在形式化描述协议的机密属性时，谓词 Has 具有不可或缺的地位。例如，如果消息 t 是实例 X 和 Y 共享的秘密，则用 Has 公式表示为 $\forall Z.\text{Has}(Z,t) \supset (Z = X \vee Z = Y)$；Fresh$(X,t)$ 表示 t 具有新鲜性，随机数是一个典型的新鲜消息项，在形式化分析中其新鲜性将被用来推理协议执行中行为的时序关系；公式 Gen(X,t) 表示，对应于实体 $\hat{X}$ 的实例 X 自身产生消息 t，且在一定时间段内其保持新鲜性；公式 Contains(t_1,t_2) 表示包含关系，消息项 t_2 是消息项 t_1 的子项。

（3）时序公式。

时序公式用来描述不同实例之间执行协议动作的次序关系，且该公式可以用来证明协议的认证属性。公式 Start(X) 表示，对应实体 $\hat{X}$ 的实例 X 刚刚开始执行协议，处于初始状态；公式 $a_1 < a_2$ 表示，已经在协议执行过程中发生的动作和具有先后顺序，即 a_1 发生在 a_2 之前。注意，在协议执行中动作可能会发生多次，因而实例 X 可能会重复收到相同的消息，因此时序公式 $a_1 < a_2$ 仅仅说明已发生动作 a_1 和 a_2 之间的先后顺序；公式 FirstSend(X,t,t') 表示，对应实体 $\hat{X}$ 的实例 X 产生的新鲜项 t 包含于 t'，当 X 发送 t' 时，发送 t 的动作是第一次发生。

（4）诚实公式。

公式 Honest($\hat{X}$) 表示，在协议执行中实体 $\hat{X}$ 是诚实的，其实例严格地按照协议角色中指定的动作执行。

（5）模态公式。

模态公式使用前置-后置断言表达式表示协议执行过程中状态的变化。公式 $\theta[P]_X\varphi$ 表示，实例 X 从一个正确的状态 θ 开始执行协议，当动作序列 P 被执行过后，φ 作为实例的结果状态，并且是正确的。

2.4.5　事件逻辑证明方法

事件逻辑[35-37]是由 Bickford 等提出的一种定理证明方法，是一种描述分布式系统下协议和算法的逻辑，可以对安全协议一些基本原语进行形式化规约。事件逻辑理论对安全协议基本原语进行形式化规约，在协议研究过程中，建立包含地址和事件的模型来证明协议安全属性，信息以多种形态存储在地址中以消息形式在不同地址间进行传递。通过事件逻辑理论验证密码协议安全性，定义事件逻辑理论中的布尔值、标示符和原子。其中原子表示随机数、签名、密文和加密密钥等不可预测数据[38]。定义事件、事件类和事件结构，构建认证理论，对协议强认证性质进行证明。

构建事件逻辑理论认证的三种原语类型值，其中布尔运算和标示符分别用 B 和 Id 表示。规约协议中原子、独立性事件结构和一套包含框架条件的分布式程序组合语义，定义基本安全机制和完整陈述，对刻画性质的通用定理进行证明。

（1）Atom 类型。

Atom 类型表示保密信息，其中的成员用 atoms 表示[39]，atoms 是不可预测的。Atom 类型成员是基本元素，没有结构且不能被生成[37]。atoms 是构建模型的第一步，计算系统是分布式系统中的通用模型，即消息自动机。

Atom 类型用来评价规约形式 tok(a),tok(b),$\cdots$,记为 tokens，a、b 为其中参数。

(2) 独立性。

事件逻辑理论中定义 (State after e) 表示事件 e 发生后，主体出现的状态，事件 e 本质是一个空间或者时间点。

独立性命题 $(x:T\|a)$ 为真当且仅当 a 是 $\text{tok}(b)$ 的值，存在一个 T 类型 y 满足 $(x=y\in T)\wedge y\notin b$。

$(x:T\|a)$ 表示 T 类型元素不包含 atom a，当 x 属于 T 类型时，$x\|a$ 表示 x 和 a 独立，即 T 类型的 x 独立于 atom a，该类型的独立性命题属于强闭包性质。如果事件 e 信息满足 $\neg(\text{info}(e)\|a)$，则该事件 e 对应的信息包含原子 a。

如果函数 f 和论点 x 均独立于 atom a，则 $f(x)$ 独立于 atom a。

独立性是结构多余部分，整个结构在不改变本意情况下被取代为等价片段。

父类型独立性：if $T'\in T,x:T'\|Pa,\text{then }\forall x:T\|a$。

父类型独立等价性：if $T_1\subseteq T_2,T_2\subseteq T_1,\text{then }T_1\equiv T_2$，

即 $T_1\equiv T_2\Rightarrow(x:T_1\|a)\Leftrightarrow(x:T_2\|a)$。

子类型独立性：if $T'\in T,x:T\|a,\text{then }\forall x:T'\|a$。

(3) 事件结构。

分布式计算的形式化模型可定义分布式系统运算及认证[39]，在运算中，e、events 等消息是迁移的，信息交互初始阶段为 $\text{info}(e)$。事件集是信息在一些存储位置（如主体在事件发生时的进程和线程）中事件出现的空间时间点，事件在单个位置时间点没有重叠，是整体序。无论如何迁移（消息传递和消息共享），事件各主体间均会产生因果序。

计算系统语义通过事件结构语言描述，事件语言 (Event Language，EL) 是任何语言的扩展 $<E,\text{loc},<,\text{info}>$ 即事件 (Event-Ordering)，其中 loc 是事件 E 上的函数，$<$ 是事件 E 的一个因果关系，是一个本地有限集。事件包含有限个前驱，$e\in E,\text{loc}(e)$ 是事件存储单元，$\text{info}(e)$ 表示事件发生时将消息交付给本地 $\text{loc}(e)$。$e_1<e_2$ 表示事件 e_1 发生在事件 e_2 之前，事件结构存储单元表示主体、进程或者线程[39]。

认证协议交互信息包括随机数、签名和名字等元组信息，可转化为

$$\text{Data}\equiv_{\text{def}}\text{Tree}(\text{Id}+\text{Atom})$$

T 类型独立性 $(t:T\|a)$ 包含不可计算的和可以计算的。例如，数据和独立性是可计算的。Data 类型中原子列表可以定义一个可计算的函数 $\text{atms}:\text{Data}\to\text{Atom List}$，由独立性原则可得：$\forall d:\text{Data}.\forall a:\text{Atom}.\neg(d\|a)\Leftrightarrow a\in\text{atms}(d)$。

事件结构在事件语言 EL 建模时需满足的条件如下。

$\leqslant$ 表示局部有限偏序（每个事件 e 包含有限个前驱）；

$e_1 <_{\mathrm{loc}} e_2 \equiv e_1 < e_2 \wedge \mathrm{loc}(e_1) = \mathrm{loc}(e_2)$ 表示局部序，事件集成员拥有相同存储单元的全序；

Info(e)和事件 e 原始信息相关，认证理论中，$\mathrm{loc}(e)$ 位置是事件 e 发生主体，对一些标示符 A 来说 $\mathrm{loc}(e)=A$；

协议安全性证明中 $e' < e \wedge \mathrm{loc}(e') = \mathrm{loc}(e)$，可简化为 $e' < e$。

事件逻辑理论为消息自动机提供健全语义，消息可靠发送包含 named、fifo 和 links，每一条信息有关联标签，是头信息。事件包含类型和价值，收到的信息在 link l 包含 tag tg，是一个类型为 rcv(l, tg) 的事件 e。消息类型依靠(link,tag)来判断，例如，sender$(e) < e$ 表示发送消息事件。

2.5　比较与分析

安全协议形式化分析方法分为三类：模型检测方法、模态逻辑方法和定理证明方法，每一类方法都有不同的侧重点，或多或少地存在不足之处。

模型检测方法只能分析有限状态系统，但实际的网络环境下可能允许每个主体同时运行多个协议实体，允许无穷多个协议实例的并发运行必然会带来无穷的协议模型状态空间。所以模型检测最大的问题是状态空间爆炸问题，一般采取限制在小系统模型下，引入一些特殊的方法(如符号化方法等)进行模型检测。但是模型检测最大的好处是可以完全自动地进行，常常能有效地找到安全协议的漏洞，所以在安全协议设计和分析过程中起到证伪的作用。

模态逻辑方法运用逻辑系统从用户接收和发送的消息出发，通过一系列的推理公理推证协议是否满足安全属性。这种方法简单直接，运用非常广泛。但它具有一些难以克服的缺点，一是协议的理想化过程非常困难，二是该方法缺乏主体行为的推导机制。

定理证明方法的优点是可以分析无限大小的协议，不限制主体参与协议运行的回合。其缺点是证明过程不能全部自动化，需要人工进行"专家式"的干预，而且很多定理证明方法是不完备的，如基于 Spi 演算的类型理论证明方法可以证明协议的安全性，但很难构造安全协议对应的类型系统，当没有构造出类型系统证明协议满足安全性时就不能说明协议是有漏洞的。

总之，已有的安全协议形式化分析方法各有其优缺点，虽然这一领域的研究已成为热点，但是其应用值得进一步探究。造成这种现状的主要原因是，安全协议的形式化建模和分析非常困难，已有的形式化方法往往只能分析一两个安全性质(一般是保密性和认证性)，而现有的安全协议往往有较多的安全目标，目前尚缺乏一个统一的形式化模型，在统一的框架下分析和验证多种安全性质。因此，如何精确刻画安全协议，如何扩充现在已经成熟的理论或方法去研究更多的安全性质，如何使安全性质在统一的形式化框架下进行分析和验证是值得进一步研究的问题。

参 考 文 献

[1] 蒋昌俊. Petri 网的行为理论及其应用. 北京: 高等教育出版社, 2003.

[2] Turner K J. Using Formal Description Techniques: An Introduction to Estelle, LOTOS and SDL. New Jersey: John Wiley & Sons, 1993.

[3] Wong W E, Sugeta T, Qi Y, et al. Smart debugging software architectural design in SDL.Journal of Systems and Software, 2005, 76(1):15-28.

[4] Mariño P, Domínguez M Á, Poza F, et al. Using LOTOS in the specification of industrial bus communication protocols. Computer Networks, 2004, 45(6): 767-799.

[5] Kailar R, Gligor V D, Li G. On the security effectiveness of cryptographic protocols//Proceedings of the IFIP Working Conference on Dependable Computing for Critical Applications, Vienna, 1995: 139-157.

[6] Woo T Y C, Lam S S. A semantic model for authentication protocols//Proceedings of the IEEE Computer Society Symposium on Research in Security and Privacy, Oakland, 1993: 178-194.

[7] Coffey T, Saidha P. Logic for verifying public-key cryptographic protocols. IEE Proceedings-Computers and Digital Techniques, 1997, 144(1): 28-32.

[8] Rubin A D, Honeyman P. Nonmonotonic cryptographic protocols//Proceedings of the IEEE Computer Security Foundations Workshop, Franconia, 1994:100-116.

[9] Roscoe A W. Modelling and verifying key-exchange protocols using CSP and FDR//Proceedings of the IEEE Computer Security Foundations Workshop, County Kerry, 1995: 98-107.

[10] Lowe G. Breaking and fixing the Needham-Schroeder public-key protocol using FDR//Proceedings of the IEEE Computer Security Foundations Workshop, Kenmare, 1996.

[11] Schneider S. Verifying authentication protocols with CSP//Proceedings of the IEEE Computer Security Foundations Workshop, Rockport, 1997: 3-7.

[12] Lowe G. Casper: a compiler for the analysis of security protocols//Proceedings of the IEEE Computer Security Foundations Workshop, Rockport, 1997: 18-30.

[13] Heather J, Schneider S. Towards automatic verification of authentication protocols on an unbounded network//Proceedings of the IEEE Computer Security Foundations Workshop,

Cambridge, 2000.

[14] 范红, 冯登国. 安全协议理论与方法. 北京: 科学出版社, 2003.

[15] 李建华. 网络安全协议的形式化分析与验证. 北京: 机械工业出版社, 2010.

[16] Paulson L C. Proving properties of security protocols by induction//Proceedings of the IEEE Computer Security Foundations Workshop, Rockport, 1997: 70-83.

[17] PaulsonL C. Isabelle: a generic theorem prover. Lecture Notes in Computer Science, 1994: 828.

[18] Paulson L C. The inductive approach to verifying cryptographic protocols. Journal of Computer Security, 1998, 6(1-2):85-128.

[19] Bella G, Paulson L C. Kerberos version IV: inductive analysis of the secrecy goals// European Symposium on Research in Computer Security,1998:361-375.

[20] Paulson L C. Verifying the SET protocol: overview. Lecture Notes in Computer Science, 2003, 2629: 4-14.

[21] Bella G, Massacci F, Paulson L C. Verifying the SET registration protocols. IEEE Journal on Selected Areas in Communications, 2003, 21(1):77-87.

[22] Fabrega F J T, Herzog J C, Guttman J D. Strand spaces: why is a security protocol correct?// Proceedings of the IEEE Symposium on Security and Privacy, Oakland, 1998:160-171.

[23] Guttman J D. Security goals: packet trajectories and strand spaces//International School on Foundations of Security Analysis and Design, 2000: 197-261.

[24] Song D X. Athena: a new efficient automatic checker for security protocol analysis//Proceedings of the IEEE Computer Security Foundations Workshop, Mordano, 1999: 192-202.

[25] Abadi M. Secrecy by typing in security protocols. Journal of the ACM, 1999, 5(46): 749-786.

[26] Abadi M. Secrecy by typing in security protocols//International Symposium on Theoretical Aspects of Computer Software, Sendai, 1997: 611-638.

[27] Gordon A D, Jeffrey A. Authenticity by typing for security protocols//Proceedings of the IEEE Computer Security Foundations Workshop, Cape Breton, 2002.

[28] Gordon A D, Jeffrey A. Types and effects for asymmetric cryptographic protocols// Proceedings of the IEEE Computer Security Foundations Workshop, Cape Breton, 2002.

[29] Cardelli L, Ghelli G, Gordon A D. Secrecy and group creation//International Conference on Concurrency Theory, University Park, 2000.

[30] Cervesato I. Typed multiset rewriting specifications of security protocols. Electronic Notes in Theoretical Computer Science, 2001, 40(5): 8-51.

[31] Cervesato I. A specification language for crypto-protocol based on multiset rewriting.

Computer Science Department, 2001.

[32] Cervesato I. Typed MSR: syntax and examples//International Workshop on Mathematical Methods, Models and Architectures for Network Security, Saint Petersburg, 2001: 159-177.

[33] Datta A, Derek A, Mitchell J C, et al. Protocol composition logic (PCL). Electronic Notes in Theoretical Computer Science, 2007, 172: 311-358.

[34] Datta A, Derek A, Mitchell J C, et al. A derivation system and compositional logic for security protocols. Journal of Computer Security, 2005, 13(3): 423-482.

[35] Allen S F, Bickford M, Constable R L, et al. Innovations in computational type theory using Nuprl. Journal of Applied Logic, 2006, 4(4): 428-469.

[36] Bickford M. Unguessable atoms: a logical foundation for security//Working Conference on Verified Software: Theories, Toronto, 2006, 5295: 30-53.

[37] Bickford M, Constable R. Formal foundations of computer security. NATO Science for Peace and Security Series D: Information and Communication Security, 2008, 14: 29-52.

[38] 刘欣倩. 基于事件逻辑的可证明网络安全协议形式化分析. 南昌: 华东交通大学, 2016.

[39] 刘欣倩, 肖美华, 程道雷. 基于事件逻辑理论的改进 Needham-Schroeder 协议安全性证明. 计算机工程与科学, 2015, 37(10): 1850-1855.

第 3 章　安　全　协　议

本章介绍安全协议的概念及分类，描述协议的安全属性和安全构建方法，构建协议攻击者模型和攻击类型。

3.1　安全协议概念

安全协议，也称作密码协议，它是建立在密码体制基础上的一种高互通协议，运行在计算机通信网或分布式系统中，为安全需求的各方提供一系列步骤，借助于密码算法来达到密钥分配、身份认证、信息保密及安全地完成电子交易等目的。安全协议的主要目的在于通过协议消息的传递来达成通信主体身份的识别与认证，并在此基础上为下一步的秘密通信分配所使用的会话密钥，因此，对通信主体双方身份的认证是基础和前提，而且在认证过程中，对关键信息的秘密性及完整性的要求也十分必要。另外，作为与认证协议不同的另一类协议——电子商务协议，由于其自身特点，也有一些特殊的性质要求。简单地说，安全协议的目的就是保证这些安全性质在协议执行完毕时能够得以实现，或者换言之，评估一个安全协议是否是安全的，就是检查其所欲达到的安全性质是否遭到攻击者的破坏。

Needham-Schroeder 协议[1] 是最为著名的早期认证协议，许多广泛使用的认证协议都是以 Needham-Schroeder 协议为蓝本而设计的，Needham-Schroeder 协议可分为对称密码体制和非对称密码体制下的两种版本，分别为 NSSK 协议和 NSPK 协议。这些早期的经典安全协议是安全协议分析的"试验床"，亦即每当出现一个新的形式化分析方法，都要先分析这几个安全协议，验证新方法的有效性。同时，学者们也经常以它们为例，说明安全协议的设计原则和各种不同分析方法的特点。

安全协议设计与分析的难点在于以下四个方面。

(1) 安全目标本身的微妙性。例如，表面上十分简单的"认证目标"，实际上十分微妙。关于认证性的定义，至今存在各种不同的观点。

(2) 协议运行环境的复杂性。实际上，当安全协议运行在一个十分复杂的公开环境时，攻击者处处存在。我们必须形式化地刻画安全协议的运行环境，这当然是一项艰巨的任务。

(3) 攻击者模型的复杂性。我们必须形式化地描述攻击者的能力，对攻击者和攻击行为进行分类和形式化分析。

(4)安全协议本身具有"高并发性"的特点。因此,安全协议的分析变得更加复杂并具有挑战性。

3.2　安全协议分类

1997 年,Clark 和 Jacob[2]对安全协议进行了概括和总结,列举了一系列有研究意义及实用价值的安全协议。

(1)无可信第三方的对称密钥协议。属于这一类的典型协议包括以下 ISO 系列协议:ISO 对称密钥一遍单边认证协议、ISO 对称密钥二遍单边认证协议、ISO 对称密钥二遍相互认证协议、ISO 对称密钥三遍相互认证协议和 Andrew 安全 RPC 协议等。

(2)具有可信第三方的对称密钥协议。属于这一类的典型协议包括 NSSK 协议、Otway-Rees 协议、Yahalom 协议、大嘴青蛙协议、Denning-Sacco 协议和 Woo-Lam 协议等。

(3)对称密钥重复认证协议。属于这一类的典型协议包括 Kerberos 协议版本 5、Neuman-Stubblebine 协议和 Kao-Chow 重复认证协议等。

(4)无可信第三方的公开密钥协议。属于这一类的典型协议包括以下 ISO 系列协议:ISO 公开密钥一遍单边认证协议、ISO 公开密钥二遍单边认证协议、ISO 公开密钥二遍相互认证协议、ISO 公开密钥三遍相互认证协议、ISO 公开密钥二遍并行相互认证协议和 Diffie-Hellman 协议等。

(5)具有可信第三方的公开密钥协议。属于这一类的典型协议有 NSPK 协议等。

3.2.1　ISO/IEC11770-2 密钥建立机制 6 协议

在 ISO/IEC11770-2 密钥建立机制 6 协议中,有 A 和 B 两个主体,长期共享密钥 K_{ab},用随机数 Na 和 Nb 来保证消息的新鲜性。

A 和 B 分别提供密钥材料 F_{ab} 和 F_{ba},通过密钥派生函数 f 生成最终的会话密钥 $K=f(F_{ab},F_{ba})$,具体过程如图 3.1 所示。

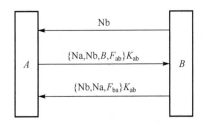

图 3.1　ISO/IEC11770-2 密钥建立机制 6 协议

（1）B 向 A 发送随机数 Nb，请求通信。

（2）A 收到请求后，用共享密钥 K_{ab} 将新随机数 Na、收到的随机数 Nb、身份标识符 B 和密钥材料 F_{ab} 等加密后发送给和 B。

（3）B 收到消息并解密，核实身份标识符 B，通过随机数 Na 和 Nb 检验消息的新鲜性，随后使用共享密钥 K_{ab} 将随机数 Na、Nb 和密钥材料 F_{ba} 加密后发送给 A。

经过以上三个步骤，协议完成了 A 和 B 之间的相互身份确认，并且生成新的会话密钥 $K=f(F_{ab}, F_{ba})$，用以建立新的会话。

3.2.2　NSSK 协议

NSSK 协议是一个经典的认证密码协议。协议先通过对两个主体的身份进行认证，通信主体需要经过 5 个阶段的通信过程，才能获得安全通信过程的会话密钥。

协议符号说明：A 表示用户 A 的身份标识；B 表示用户 B 的身份标识；S 表示服务器；Nb 表示用户 B 产生的随机数；Na 表示用户 A 产生的随机数；K_{bs} 表示用户 B 与 S 之间的共享密钥，K_{as} 表示用户 A 与 S 之间的共享密钥；K_{ab} 表示用户 A 和用户 B 的会话密钥。

协议的步骤如下。

消息 1：$A{\rightarrow}S$：A, B, Na。

消息 2：$S{\rightarrow}A$：$\{Na, B, K_{ab}, \{K_{ab}, A\}K_{bs}\}K_{as}$。

消息 3：$A{\rightarrow}B$：$\{K_{ab}, A\}K_{bs}$。

消息 4：$B{\rightarrow}A$：$\{Nb\}K_{ab}$。

消息 5：$A{\rightarrow}B$：$\{Nb-1\}K_{ab}$。

在此协议中，用户 A 和用户 B 进行秘密通信，用户 A 会向服务器 S 请求分配一个会话密钥来保证通信内容的秘密性。协议前三个消息主要是服务器分配会话密钥给合法用户，后两个消息主要是合法用户之间的相互验证。

具体过程如下。

（1）协议开始时，合法用户 A 将用户 A 的身份标识、用户 B 的身份标识以及用户 A 产生的随机数 Na 组成消息 1，发送给服务器 S，告诉服务器它将与用户 B 进行通信。

（2）服务器 S 在接收到消息 1 时，随机产生一个 K_{ab}，这是为双方分配的会话密钥，同时将 A 的身份标识和 K_{ab} 用 B 的密钥 K_{bs} 加密生成一个证书，然后将证书和用户 A 在消息 1 发送的 Na、用户 B 的身份标识和 K_{ab} 用 A 的密钥 K_{as} 加密组成消息 2 发送给 A。

（3）用户 A 接收到消息 2 时，用密钥 K_{as} 解密消息得到会话密钥 K_{ab} 和证书 $\{K_{ab},A\}K_{bs}$，然后再将证书组成消息 4 发送给用户 B。

（4）用户 B 接收到消息 3 时，用密钥 K_{bs} 解密得到会话密钥 K_{ab}，再用 K_{ab} 加密自身产生的随机数 Nb 组成消息 4，发送给用户 A。

（5）用户 A 接收到消息 4 后，用会话密钥 K_{ab} 解密得到 Nb，再将 Nb 与 1 进行运算后，将得到的结果用 K_{ab} 进行加密组成消息 5 发送给用户 B。这里的 Nb−1 可以用 Nb 来代替，只是用来区别消息 4，而消息 4 和消息 5 是为了防止中间人攻击。

3.2.3　Kerberos 认证协议

Kerberos 一词来源于希腊神话，意为"三个头的狗"，也是地狱之门的守护者。其中三个主体分别是认证服务器、客户和应用服务器，用户在访问服务器前，需要先从第三方认证服务器中获取许可证，只有通过合法性认证的用户，才能依据票据访问所需的服务和应用。基本名称如表 3.1 所示。

表 3.1　基本名称表

KDC	密钥分发中心
AS	认证服务器
TGS	票据授权服务器
$SK_{X,Y}$	X 与 Y 的会话密钥，为短期密钥
K_X	X 的长期密钥经 Hash 运算后形成的密钥
ID_X	X 的身份信息
ET_X	票据 X 的有效期

网络安全的可靠性主要依靠密钥强度和协议严谨性，Kerberos 中存在三种密钥，一种是长期密钥，另两种是短期密钥和长期密钥的派生密钥。Kerberos 认为被长期密钥加密的数据不能在网络中传输，因为一旦这些被长期密钥加密的数据包被网络监听者截获，在理想条件下，只要时间充足，是可以通过计算获得该密钥的。Kerberos 使用短期密钥或长期密钥的派生密钥进行加密，短期密钥有生命周期，即使被加密的数据包被黑客截获把密钥计算出来，密钥早已过期。而长期密钥的派生密钥往往是对长期密钥进行 Hash 运算。

认证过程可分为三个阶段：AS（Authentication Service）Exchange、TGS（Ticket Granting Service）Exchange 和 CS（Client/Server）Exchange，原理如图 3.2 所示。

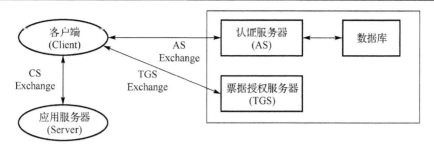

图 3.2 Kerberos 基本原理图

（1）AS Exchange 过程。KDC 中的 Authentication Service 实现 Client 身份的确认，并颁发给该 Client 一个 TGT（Ticket Granting Ticket）。具体过程如下。

$$\text{Client} \rightarrow \text{AS}: K_C\{\text{ID}_C \| \text{ID}_{\text{TGS}}\}$$

Client 向 KDC 的 AS 发送请求，为了确保仅限于自己和 KDC 知道，Client 使用自己的 K_C 对其进行加密（KDC 可以通过数据库获得该 K_C 进行解密）。请求包含 Client 的基本身份信息 ID_C 以及 TGS 的基本信息 ID_{TGS} 等。

$$\text{AS} \rightarrow \text{Client}: K_C\{\text{SK}_{C,\text{TGS}} \| \text{ID}_{\text{TGS}}\}, \text{TGT}$$

其中，$\text{TGT} = K_{\text{TGS}}\{\text{SK}_{C,\text{TGS}} \| \text{ID}_C \| \text{IP}_C \| \text{ET}_{\text{TGT}}\}$。验证通过之后，AS 将一份回复信息发送给 Client。该信息主要包含两个部分：K_C 加密过的 $\text{SK}_{C,\text{TGS}}$ 和被 K_{TGS} 加密的 TGT，其内容包括 $\text{SK}_{C,\text{TGS}}$、Client 信息 ID_C、IP_C 和到期时间 ET_{TGT} 等。

（2）TGS Exchange 过程。

$$\text{Client} \rightarrow \text{TGS}: \{\text{TGT} \| \text{Authenticator\_1}\}$$

TGT 是上一步骤中 AS 发送给 Client 的，此时由 Client 转发给 TGS。$\text{Authenticator\_1} = \text{SK}_{C,\text{TGS}}\{\text{ID}_C \| \text{TS} \| \text{ID}_S\}$ 用以证明 TGT 的拥有者的身份，所以它用 $\text{SK}_{C,\text{TGS}}$ 加密，其中包括 Client 的 ID 信息和时间戳 TS，时间戳的作用是防止黑客截获数据包伪造合法用户，超过时间阈值的数据包无效。最终 Client 把要访问的应用服务器 ID_S、TGT 和 Authenticator_1 一起加密发送给 TGS。

$$\text{TGS} \rightarrow \text{Client}: \text{SK}_{C,\text{TGS}}\{\text{SK}_{C,S}\}, K_S\{\text{Ticket}\}$$

$$\text{Ticket} = K_S\{\text{SK}_{C,S} \| \text{ID}_C \| \text{IP}_C \| \text{ET}_{\text{Ticket}}\}$$

TGS 收到 Client 发来的信息，由于它没有 SKC，故不能对 Authenticator_1 进行解密，只能先用自己的密钥 K_{TGS} 对 TGT 解密，得到 $\text{SK}_{C,\text{TGS}}$、ID_C、IP_C 和 ET_{TGT}，如果 $\text{ET}_{\text{Ticket}}$ 在有效时间内，则继续进行。TGS 使用得到的 $\text{SK}_{C,\text{TGS}}$ 对 Authenticator_1 解密，所得结果与 TGT 结果比对，ID_C 相同则通过验证。

此后，TGS 会产生 Client 与应用服务器的会话密钥 $\text{SK}_{C,S}$ 和票据服务 Ticket，

它们分别被 $\text{SK}_{C,\text{TGS}}$ 与 K_S 加密。票据服务主要内容包括会话密钥 $\text{SK}_{C,S}$、用户 ID_C、IP_C 以及 Ticket 的有效期。TGS 会将这两份加密信息同时发送给 Client。

(3) CS Exchange 过程。

$$\text{Client} \rightarrow \text{Sever}:\ \text{Ticket},\ \text{Authenticator\_2}$$

$$\text{Authenticator\_2} = \text{SK}_{C,S}\{\text{ID}_C \| \text{TS}\}$$

Client 收到后，先用 $\text{SK}_{C,\text{TGS}}$ 对第一个信息解密，得到 $\text{SK}_{C,S}$，再用 $\text{SK}_{C,S}$ 对用户信息和时间戳加密，得到 Authenticator_2，连同从 TGS 收到的 Ticket 一并发送给应用服务器 Server。

$$\text{Sever} \rightarrow \text{Client}:\ \text{SK}_{C,S}\{\text{TS}+1\}$$

服务器收到 Client 的信息后，先用自己的 K_S 对 Ticket 解密，得到 $\text{SK}_{C,S}$ 和相关的客户信息，检验 Ticket 是否在有效时间 ET_{ST} 内，有效则再用 $\text{SK}_{C,S}$ 对 Authenticator_2 解密，比较二者 ID_C 是否一致，一致则通过验证。通过以上步骤，Server 确认 Ticket 的持有者为合法客户端，二者会使用 $\text{SK}_{C,S}$ 加密通信数据，保障数据安全性。

3.2.4　ISO/IEC 9798-3 协议

ISO/IEC 9798-3 协议建立在公开密钥体制下，其中 ISO/IEC 9798-3 单向单条消息认证协议 (One-Pass Unilateral Authentication Protocol) 提供单向的身份认证。协议认证过程如下。

$$A \rightarrow B:\ T_a, B, \{T_a, B\}K^{a-1}$$

其中，主体 A 将时间戳 T_a 和 B 的身份用自己的私钥 K^{a-1} 签名，B 收到后，用 A 的公开密钥对此进行解密，检查时间戳以及身份 B 是否正确，从而验证 A 的身份。

3.2.5　NSPK 协议

非对称密码体制 NSPK 协议，协议双方身份认证部分如下。

$$A \rightarrow B:\ \{\text{Na}, A\}K_B$$

A 首先生成临时值 Na，加上自己的身份，用 B 的公开密钥 K_B 加密后发送给 B。

$$B \rightarrow A:\ \{\text{Na}, \text{Nb}\}K_A$$

B 生成临时值 Nb，加上 A 的临时值 Na，用 A 的公开密钥 K_A 加密后发送给 A。

$$A \rightarrow B:\ \{\text{Nb}\}K_B$$

A 向 B 发送经过 K_B 加密 Nb。

整个协议采用公开密钥系统，K_A、K_B 分别是 A 和 B 的公开密钥。Na、Nb 分别是 A 和 B 发布的具有新鲜性的临时值。

3.3 协议安全属性

评估安全协议是否安全的标准就是检验其欲达到的安全属性是否遭受过攻击。安全属性主要涉及认证性（Authentication）、秘密性（Confidentiality）、完整性（Integrity）、不可否认性（Non-Repudiation）、公平性（Fairness）和匿名性（Anonymity）等。

下面对上述六类安全属性[3,4]进行详细介绍。

（1）认证性。

认证性是安全协议最关键，也是最主要的安全属性之一，其他的安全属性的实现都需要依赖于认证性的实现。认证既可用来确保主体身份，也可用于获取对某人或某事的信任，还能够对抗假冒攻击的危险。主体间的认证分为单向认证和双向认证两种。

（2）秘密性。

其目的旨在让非授权获得消息的人即便观测到消息格式，也无法得到消息的内容以及有用的信息。最直接有效的办法就是对消息加密。通过加密手段让消息明文变为密文，并保证若无密钥是无法解密的。目前加密体制分为密钥管理简单的公钥加密体制与效率较高的私钥加密体制，同类加密体制下，密码算法的难易程度决定着强度和代价。

（3）完整性。

其目的旨在确保协议消息的完整，在传递数据的途中不被入侵者删除、篡改和替代。最常用且有效的方法就是利用完整性校验值（Integrity Check Authority，ICA）作为验证协议消息完整性的依据，实现封装和签名。在被保护的消息有一定冗余的前提下，加密消息的冗余决定了消息完整性的效果。

（4）不可否认性。

不可否认性主要用于电子商务协议中。它保证合法主体利益不受损害，是通过主体提供对方参与协议交换的证据来实现的，也就是说协议的主体不能事后否认，必须对自己的行为负责。证据通常是以签名消息的形式出现，并将此消息与消息发送者绑定。

（5）公平性。

公平性在签署协议中具有重要意义，协议参与者不可单方面中止协议或有别于其他参与者的额外利益。

(6)匿名性。

匿名性是指消息发送者与消息不再绑定，以确保发送者身份不被泄露。

3.4　协议安全构建方法

密码算法无疑是安全协议的核心，但是安全协议的构建不仅仅是密码算法。密码系统仅仅能够保证信息的秘密性和完整性，密码协议还需要信息的新鲜性和认证性。

由上可见，密码协议与密码算法的概念是不尽相同的。密码算法应用于协议中消息处理的环节。对消息不同的处理方式要求不同的算法，而对算法的具体化则可定义出不同的协议类型。简单地说，安全协议就是在消息处理环节采用了若干密码算法的协议。密码算法和安全协议处于网络安全体系的不同层次，是网络数据安全的两个主要内容。具体而言，密码算法为网络上传递的消息提供高强度的加密解密操作和其他辅助算法，如 Hash 函数等，而安全协议是在这些密码算法的基础上为各种网络安全性方面的需求提供实现方案。

在安全协议中，通过对信息进行加密来保证信息的秘密性和完整性。首先，明文(Plaintext)需要加密，用加密算法对明文加密，这个算法是一个函数，每个明文都与密文一一对应。加密函数还有一个加密密钥(Encryption Key)，对明文使用不同的密钥加密将会产生不同的密文。加密的意义在于保证明文的秘密性，或者仅允许被选择的组(或个人)有权获得初始明文，这些操作通过解密(Decryption)函数来完成，解密函数也需要解密密钥，既然加密的最初目的是保证明文的秘密性，因此密文应该具备这样的性质，就是仅从密文(即使加密密钥已知)不可能得到最初明文(或解密密钥)，加密和解密函数是可逆的，也是一一对应的。加密解密过程如图 3.3 所示，其中，m 是明文，c 是密文，k 是加密密钥，k'是解密密钥。

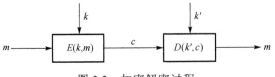

图 3.3　加密解密过程

对称密钥加密算法是比较常用的加密算法。在对称密钥加密算法中，加密密钥和解密密钥是等同的，同时认为能够解密的一方是不需要知道如何加密的。

对称密码系统的最大优势是加密解密速度快，适合于对大量数据进行加密。但是对称密码系统要求通信双方事先交换密钥，如果任意两个用户通信时都使用互不相同的密钥，则 N 个人就要使用 $\dfrac{N \times (N-1)}{2}$ 个密钥，使得密钥的管理(密钥产生、分发和更换等)非常困难。

在公钥密码系统中，加密密钥和解密密钥是不同的，而且不可能从加密密钥和用该密钥加密的密文信息中得到解密密钥。公钥密码系统得名是由于其加密密钥是公开的，对应的解密密钥是秘密的。该方法使得通信双方可以秘密地通信，任意一方可以使用自己想通信的主体(另一方)已发布的公钥加密信息，再发给另一方，另一方用自己的私钥对密文解密，得到明文。

与对称密钥密码系统相比，采用不同的加密密钥和解密密钥的公钥密码系统有很多的优点。第一，每个主体仅需要一对密钥(加密密钥和解密密钥)，例如，N 个人只需要 $2 \times N$ 个密钥，而不需要对每对主体分配不同的密钥，也就是说，采用公钥密码系统大大减少了通信主体所需的密钥个数，因而解决了在通信之前如何安全地交换密钥的问题，从理论上讲，在公钥密码系统中密钥的个数 N 只是与通信主体个数成 $O(N)$ 关系，而在对称密钥密码系统中，密钥的个数与通信主体个数成 $O(N^2)$ 关系；第二，由于主体的加密密钥是公开分发的，所以在主体开始通信前不需要像对称密钥密码系统一样进行密钥安全交换工作；第三，公钥加密系统能应用于数字签名(Digital Signature)，如果通信的主体 A 使用自己的私钥对信息加密，除该主体之外的任何主体 B 都可以使用该主体的公钥解密，确定信息确实是主体 A 所发，因此，这个签名可以认为是私钥的拥有者 A 所发送的密文(签名)。

我们在形式化分析过程中认为对信息的加密和解密过程是个黑盒子，也就是说，加密过程是用合适的加密密钥和加密算法对明文加密，同理解密过程就是用合适的解密密钥和解密算法对密文解密，这称为完善的加密假设(Perfect Encryption Assumption)。在现实网络中情况并非如此，密文可能依靠猜测产生，尽管采用猜测法得到相应有意义的明文的概率是很低的，也可采用密码分析方法来分析密文，在没有解密密钥的情况下也很有可能得到一部分明文的信息。此外，某些加密算法存在特殊数学规律，这些规律有可能产生对协议的攻击。例如，DES(Data Encryption System)算法是最普遍的对称加密算法，具有如下性质[5]。

$$c = E_k(m) \Rightarrow \overline{c} = E_{\overline{k}}(\overline{m})$$

其中，$\overline{x}$ 是 x 的逐位补(Bitwise Compliment)，利用该数学性质可以攻击所假设的黑盒子，而且这并不是所假设的黑盒子被攻击的唯一方法。著名的公钥密码系统 RSA 具有如下性质。

$$E_k(i \times m) = E_k(i) \times E_k(m)$$

其中，i 为整数。当信息 m_1 的长度是密码系统块长度的倍数，任意的块密文都具有如下性质。

$$E_k(m_1 \cdot m_2) = E_k(m_1) \times E_k(m_2)$$

这些性质在形式化分析方法中并没有被考虑，因此可能会遗漏一些攻击。虽然在分析框架中可以通过增加规则对攻击者如何利用这些性质攻击进行建模，但是这样会大大影响基于算法知识逻辑对入侵者能力进行建模的效率。

下面将描述用于保证网络安全性的方法及其在形式化分析过程中对这些安全构建块(Security Building Block)抽象建模的方法。

3.4.1　Hash 函数

单向函数(One-Way Function)是公开密钥密码的一个基本结构模块。单向函数计算起来相对容易，但求逆却非常困难。陷门单向函数(Trapdoor One-Way Function)是有一个秘密陷门的一类特殊单向函数。它在一个方向上易于计算而反方向却难于计算。但是，如果知道秘密陷门，也能很容易在另一个方向上计算出这个函数。

单向散列函数(One-Way Hash Function)是把可变输入长度串(Pre-Image，预映射)转换成固定长度(经常更短)输出串(散列值)的一种函数。单向散列函数的安全性是它的单向性。平均而言，预映射的值的单个位改变，将引起散列值中的一半的位改变。散列函数 $h^{[5]}$ 具有下列性质。

(1) 可压缩性(Compression)：h 将一个任意有限长度的输入映射成固定长度的输出。

(2) 易计算性(Ease of Computation)：从预映射的值很容易计算其散列值。

(3) 抗冲突性(Collision Resistance)：找到一对数据 x 和 x' 使得其散列值相等，即 $h(x)=h(x)$，在计算上是不可行的。

(4) 预映射的不可再现性(Second Pre-Image Resistance)：给定 x，找到 x' 使得 $h(x)=h(x')$，在计算上是不可行的。

(5) 抗逆象性(Pre-Image Resistance)：已知一个散列值，要找到预映射的值，使它的散列值等于已知的散列值在计算上是不可行的。

没有抗逆象性的散列函数常常应用其可压缩性，也就是说，协议设计者用具体信息的散列值来代替该信息本身，这是很有价值的，因为信息的散列值要比原始信息小很多。因为一些加密操作的计算成本代价很高，所以设计者往往先求出信息散列值后再对散列值进行加密操作以降低加密成本。散列函数的抗冲突性和预映射的不可再现性可以保证该用法的正确性。

　　根据散列函数的安全性，可以将它们分成强碰撞自由的散列函数和弱碰撞自由的散列函数。如果能够找到两个不同的消息 M_1 和 M_2，使它们发生碰撞，即 $h(M_1)=h(M_2)$，是计算上不可行的，则称散列函数 h 是强碰撞自由的。如果对任意的消息 M_1，能够找到另一个消息 $M_2(M_2 \neq M_1)$，使得 $h(M_1)=h(M_2)$，是计算上不可行的，称散列函数 h 是弱碰撞自由的。

　　显然，强碰撞自由的散列函数比弱碰撞自由的散列函数更安全。一个弱碰撞自由的散列函数不能保证找不到一对消息 M_1、M_2，$M_1 \neq M_2$，使得 $h(M_1)=h(M_2)$，然而对随机选定的消息 M_1，要故意地选择另一个消息 $M_2(M_2 \neq M_1)$，使得 $h(M_1)=h(M_2)$，是计算上不可行的。

　　将散列函数应用到数字签名中可带来以下好处。

　　(1)可破坏数字签名方案的某种数学结构，例如同态结构。

　　(2)可提高数字签名的速度。当签名者想签名一个消息 x 时，首先构造一个消息摘要 $z=h(x)$，然后计算签名 $y=\mathrm{Sig}_K(z)$。

　　(3)无须泄露被签名的消息。例如，对消息 x 的签名是 $y=\mathrm{Sig}_K(z)$，其中 $z=h(x)$，可将 (z,y) 公开而保密 x。

　　(4)可将签名和加密分离开来，允许用秘密密钥密码体制实现加密，而用公开密钥密码体制实现数字签名。这种分离的一个优点是，可在系统的不同层提供消息的完整性和保密性。

　　在形式化分析过程中，用对称密钥"HASH"加密来模拟散列函数，加密过程满足抗冲突性和预映射的不可再现性，也就是说，用密钥"HASH"加密信息 m 可以确保生成信息 m 唯一的散列值。对消息的抽象处理时忽略了信息长度和易计算性等因素及特性，所以在对称密钥"HASH"中没有模拟可压缩性和易计算性这两种性质。

　　单向散列函数满足上面定义的抗逆象性，单向散列函数也用加密方法模拟实现。在形式化分析过程中仍需模拟抗逆象性，为了做到这一点，用公开密钥"ONE-WAY HASH"模拟单向散列函数，对应的私钥是秘密的，所以每个人都可以用公开密钥"ONE-WAY HASH"计算散列值，但没人能逆向散列过程，因为没人知道对应的私匙(解密密钥)。

　　在形式化分析过程中，用操作 SIG(KEY,MESSAGE)模拟数据签名。

3.4.2　随机数

　　随机数和安全性密切相关。事实上，随机数和加密系统存在一种等价关系。加密明文字符串产生的结果看起来像随机的字符串，密文没有给出明文的任何信息。对入侵者而言，所有的明文都有可能用来产生密文。反之，给定一个足够长度的真正随机字符串，将它与明文字符串进行异或(Xor)运算，就可作为完美的加密函数。加密函数通过随机性来确保入侵者在猜测加密字符串或说是猜测原始明文的时候不具有优势。如果它不是随机的，入侵者可能会考虑排除一些特定的加密字符串，从而获得一定优势。

随机数的另一种用法是用做 Nonce(Number Once Used)。由 Oorschot 给出的定义[5]，一个 Nonce 是仅能使用一次的数值，典型的应用就是用来阻止信息重放。通常，术语 Nonce 用来表示为了达到此目的的随机数或伪随机数：初始者 A 产生一个随机数，并把它发送到其他主体 B；主体 B 将随机数作为确认标志绑定在回复给主体 A 的信息中。

理论上讲，上面没有一步需要加密。然而，第二步回复消息和随机数必须永久地联系在一起，这样才能确保消息没有被修改。实践中，这需要把随机数与消息进行级联(Concatenate)操作，并对结果加密来完成。由于发布的是随机数，初始者(生成随机数的主体)能确定所有包含此随机数的信息一定是在它发布此随机数后产生。入侵者不能将新生成的随机数和旧的信息绑定，所以入侵者就不能重放旧的信息。

用于密码协议的 Nonce 的性质如下。

(1)每个随机数都是唯一的。

(2)随机数都具有不可预知性。

(3)除非被初始者(生成随机数的主体)公布，否则仅有初始者知道。

在形式化分析及模拟协议运行过程中，具体给每个协议实例分发一个随机数消息来模拟协议运行所假定的生成的随机数。随机数的生成时间并不是重要的，关键是随机数的暴露时间。在形式化具体建模过程中，当某主体发送了包含随机数的消息时，随机数的暴露被显式地建模。此建模中，主体并没有真正地产生一个随机数。随机数具有不可预知性，在对入侵者能力进行建模时，显然是满足的，因为还没有真正加入"猜测"能力(在我们下一章所提出的基于算法知识逻辑的入侵者形式化建模的模型检测思想中，只是拥有扩放"猜测"的能力)。通过对已知消息的操作(加密、级联等)产生新消息。

3.4.3　时间戳

消息的新鲜性可以通过使用时间戳(Timestamp)来保证。消息的接收者可以通过本地时钟来检测时间戳，这种方法代替检测消息中是否包含最近的随机数。一般说来，从当前本地时间减去时间戳的值，如果差值满足在一个"接收窗口"(Acceptance Window)内，那么就认为该消息是新鲜的。此外，从消息的发送者角度来说，为了防止消息重放，时间戳的值必须是唯一的；防止消息重放的第二种方法是减少有效接收的范围，使得重放的消息不可能及时到达。

使用时间戳比使用 Nonce 具有一些特定的优势。使用 Nonce 需要额外的信息来传送在协议中使用的最初随机数。发送随机数的主体必须短期保存随机数的状态信息以便能够与下一条接收到的消息中的随机数进行比较。这种情况可能引起拒绝服务攻击(Denial of Service，DoS)，这种攻击通过初始任意多次协议会话，攻击者要求主体产生和记录任意多个随机数。用形式化分析方法很难发现这种攻击，Meadows 在这方面进行了较好的研究[6]。

使用时间戳最主要的缺点是需要维持安全而同步的时钟。时钟必须是安全的，攻击者不能把时钟回调，使得主体接收入侵者发送的旧消息，同样也不能把时钟前调，使得有足够时间来构建随后能被接收的假消息。这些安全性质在分布的环境中很难得到保证。此外，时钟的值必须足够接近以防止有效信息不在可接收范围内而被拒绝。保持时钟同步本身就是一个难题。就像 Menezes 等指出的，时钟同步必然会使得时间戳工作需要有安全的网络传输协议，而安全的网络传输协议又潜在地依赖于时间戳，所以形成了一个循环依赖(Circular Dependency)[5]。

接收方必须考虑接收到的消息上的时间戳不可能同其本地时钟完全一致，为此采用"接收窗口"机制，其中窗口的尺寸必须足够大，以便能够接收大多数新鲜的消息；而且也必须足够小，以便能够检查出攻击者的重放消息。然而，这一点在现实中往往很难达到，因为发送方无法保证所发送的新消息比攻击者发送的重放消息在网络上传递的时间短。所以无论接收窗口的尺寸有多小，它都可能比实际的最小重播延迟大，这一点使得基于时间戳的认证机制不能用于敏感性环境中。

使用模型检测来分析应用了时间戳的协议是很困难的，因为对实时系统的模型检测花费很大。当然，为分析实时系统人们提出了很多模型和逻辑，包括离散时间模型和连续时间模型[7]。尽管连续时间模型更具有广义性(从连续时间模型转变到离散时间模型，一些适合于连续时间模型的性质不满足)，当一个模型被离散化后有很多性质仍然保留[7]。到目前为止，只有离散时间模型被用来模型检测安全协议[8]。形式化分析过程中没有模拟时间，所以现在对使用时间戳的协议分析必须先转换成使用 Nonce 的形式。

3.5　协议攻击者模型及其攻击类型

尽管安全协议的发展已经有 20 多年，而且可以依据很多设计原则来设计一个协议，也有许多验证的方法和手段，但是还没有一个协议保证没有任何漏洞，任何协议都会成为攻击者潜在的攻击对象，所以必须对攻击对手及其攻击类型有全面和深刻的认识，这有助于安全协议的设计和验证。

3.5.1 Dolev-Yao 攻击者模型

对于攻击者，普遍采用 Dolev-Yao 攻击者模型。Dolev 和 Yao 的工作具有深远的影响。迄今大部分有关认证协议的研究工作，都遵循 Dolev 和 Yao 的基本思想。

Dolev 和 Yao 的主要贡献之一是将认证协议本身与认证协议所具体采用的密码系统分开，在假定密码系统是"完善"的基础上讨论认证协议本身的正确性、安全性和冗余性等问题。从此，研究人员可以专心研究认证协议的内在安全性质，即很清楚地把问题划分为两个不同的层次：首先研究认证本身的安全性质，然后讨论实现层次的具体细节，包括所采用的具体密码算法等。

另外，在 Dolev-Yao 模型中，攻击者有很强的能力，攻击者的知识和能力不能够被低估，攻击者可以控制整个通信网络。Dolev 和 Yao 认为攻击者具有如下能力。

(1) 能够窃听、阻止和截获网络上任何消息。

(2) 能够发送消息和重发消息。

(3) 能对消息进行组合与分解。

(4) 熟悉加密、解密和散列等密码运算，能进行加密操作，并在知道解密密钥时，能对加密消息进行解密。

(5) 熟悉参与协议的主体标识符及其公钥。

(6) 能够冒充任何协议参与者。

(7) 具有密码分析的知识和能力。

(8) 掌握各种攻击知识的手段，并能进行各种攻击。

Dolev-Yao 模型提供了一个重要的原则：永远不要低估攻击者的知识与能力。应当根据具体的协议与应用环境，建立正确的攻击者模型。

在对安全协议进行形式化分析时，一般做这些假设：密文块不能被篡改，也不能用几个小的密文块组成一个新的大密文块；总假设加密系统是完善的，即只有掌握密钥的主体才能理解密文消息，因为不知道密钥的主体不能解密密文而得到明文；攻击者无法从密文推断出密钥；密文中含有足够的冗余信息，使解密者可以判断他是否应用了正确的密钥；消息中含有足够的冗余信息，使主体可以判断该消息是否来源于自身。

3.5.2 攻击类型

Boyd 和 Mathuria[9]通过分析大量的协议及其存在的攻击，归纳出如下协议攻击类型。

（1）信息窃听。即攻击者捕获协议中发送的信息，应付该攻击的有效办法是加密技术。

（2）信息篡改。即攻击者对窃听到的信息进行修改。

（3）重放攻击。即攻击者记录协议中发送的信息并在后一协议的运行期间发送给同一参与者或另一参与者，Syverson[10]对重放攻击进行了完整的分类。

（4）转发攻击（反射攻击）。攻击者将协议的消息发送回消息的发送者，这可看作是重放攻击的特殊情形。

（5）服务拒绝攻击。攻击者防止或阻碍合法参与者执行协议。

（6）类型攻击。攻击者用一种类型的协议消息域代替另一种类型的消息域。例如，作为参与身份标记的消息域可能被作为密钥的消息域接收，典型例子是对Otway-Rees 协议的类型攻击。

（7）密码分析。攻击者在协议运行中获取加密信息后，通过密码分析，获取解密密钥，从而对获取的加密信息进行解密。

（8）证书操控攻击。在公钥协议中，攻击者通过选取或修改证书信息对协议运行进行攻击，一个典型例子是 Menezes 对 Matsumoto 等提出的密钥分配协议进行的攻击。

（9）协议交错攻击。攻击者选取一个新协议与一个已知协议交替执行，交错攻击需要两回合或多回合同时执行协议，著名的例子是 Lowe[11]对 NSPK 协议的攻击。

参 考 文 献

[1] Needham R M. Using Encryption for Authentication in Large Networks of Computers. New York: ACM Press, 1993.

[2] Clark J A, Jacob J L. A survey of authentication protocol literature: version 1.0. York: University of York, 1997.

[3] 卿斯汉. 安全协议 20 年研究进展. 软件学报, 2003, 14(10): 1740-1752.

[4] 卿斯汉. 安全协议. 北京: 清华大学出版社, 2005.

[5] Schneier B. 应用密码学: 协议、算法与 C 源程序. 吴世忠译. 北京: 机械工业出版社, 2000.

[6]　Meadows C. A formal framework and evaluation method for network denial of service//Proceedings of the IEEE Computer Security Foundations Workshop, Mordano, 1999: 4-13.

[7]　Henzinger T A, Manna Z, Pnueli A. What good are digital clocks?//International Colloquium on Automata, Languages and Programming, Vienna, 1992: 545-558.

[8]　Lowe G. Casper: a compiler for the analysis of security protocols//Proceedings of the IEEE Computer Security Foundations Workshop, Rockport, 1997: 18-30.

[9]　Boyd C, Mathuria A. Protocols for Authentication and Key Establishment. Berlin: Springer, 2013.

[10]　Syverson P. A taxonomy of replay attacks [cryptographic protocols]//Proceedings of the IEEE Computer Security Foundations Workshop, Franconia, 1994: 187-191.

[11]　Lowe G. Breaking and fixing the Needham-Schroeder public-key protocol using FDR// Proceedings of the IEEE Computer Security Foundations Workshop, Kenmare, 1996: 147-166.

第 4 章　基于模型检测的安全协议分析

本章介绍采用模型检测技术对网络安全协议进行形式化分析与验证，主要内容包括：形式化描述安全协议的基本数据结构，包括消息、动作（迹）、消息状态及修改、协议运行等；阐述基于模型检测技术的安全协议形式化分析流程以及验证模型优化策略，并与其他形式化方法进行比较。

4.1　安全协议形式化表示

对于协议中消息及密码算法处理思想遵循 Dolev 和 Yao[1]以及 Ramanujam[2]的工作。关于安全协议形式化描述，怀进鹏和李先贤[3]以及季庆光和冯登国[4]分别从代数模型及 B 模型的角度进行了研究。

4.1.1　原子消息（基本约定）

假定协议中主体集为 Ag（可为无限个元素），入侵者（Intruder）为 I，$I \in Ag$，诚实主体集用 H_0 表示，被定义为 $Ag \backslash \{I\}$。假定密钥集 K 用 $K_0 \cup K_1$ 表示，其中 K_0 表示一有限集，$K_1 \stackrel{\text{def}}{=} \{k_{AB}, \text{pubk}_A, \text{pubk}_B \mid A, B \in Ag, A \neq B\}$，$\text{pubk}_A$ 是主体 A 的公钥，privk_A 是主体 A 的私钥，k_{AB} 是主体 A 和 B 的（长期）共享密钥。

假设 $k \in K$，k^{-1} 为密钥 k 的解密密钥，定义如下。

对于所有 $A \in Ag$，$\text{pubk}_A{}^{-1} = \text{privk}_A$，$\text{privk}_A{}^{-1} = \text{pubk}_A$，对于其他密钥，$k^{-1} = k$。

对于任一主体 A，假定其已知的密钥集用 K_A 表示，定义如下。

$$K_A = \{k_{AB}, k_{BA}, \text{pubk}_A, \text{privk}_A, \text{pubk}_B \mid B \in Ag, B \neq A\}$$

用 N 表示有限随机数（Nonce）集。

用 T_0 表示原子消息（Basic Terms）集，定义为 $T_0 = K \cup N \cup Ag$。信息集 $K_0 \cup N \cup Ag$ 在后面分析中会有特殊作用，用 τ_0 表示。进一步假设，对于随机数 n_0 及密钥 $k_0 \in K_0$，扮演入侵者初始知识的角色。

4.1.2　消息

一条消息可以是原子的，也可以是两条消息的级联，或者是加密后的消息。我们可以通过如下 BNF 范式定义消息集 T。

$$a \in T_0 ::= C \mid n \mid k \mid \cdots$$

$$m \in T ::= a \mid m \cdot m \mid \{m\}_k$$

其中，C 的取值范围为主体名集 Ag，k 的取值范围为密钥集 K，n 的取值范围为随机数集 N。级联操作符"•"满足结合律（Associative）。假定对于任意加密密钥 k，存在一个解密密钥 k^{-1}，使得用 k 加密的消息能被 k^{-1} 解密。在对称密码系统中，加密密钥和解密密钥是相同的；在公开密钥系统中，加密密钥与解密密钥是不同的。

对于所有消息 m、m_1 和 m_2，以及密钥 k、k^{-1}，满足：

$$\{m\}_k \neq m_1 \cdot m_2$$

$$\{m\}_k = \{m'\}_{k^{-1}} \Rightarrow \{m\} = \{m'\} \text{ and } k = k^{-1}$$

一条消息 m 的子消息 $ST(m)$，定义为

$$ST(m) = \{m\} \text{ for } m \in T_0$$

$$ST(t_1 \cdot t_2) = \{t_1 \cdot t_2\} \cup ST(t_1) \cup ST(t_2)$$

$$ST(\{t\}_k) = \{\{t\}_k, k\} \cup ST(t)$$

若 $t' \in ST(t)$ 且形如 $\{t''\}k$，则称 t' 为 t 的加密子消息；$EST(t)$ 表示 t 的加密子消息集。消息长度递归定义为

$$|m| = 1 \text{ for } m \in T_0$$

$$|t_1 \cdot t_2| = |t_1| + |t_2| + 1$$

$$|\{t\}_k| = |t| + 2$$

4.1.3　动作

一个动作由以下两种情况组成：

$$\text{发送动作，形如 } A \,!\, B : (M)\, t$$

$$\text{接收动作，形如 } A \,?\, B : t$$

其中，$A \in H_0$；$B \in Ag$ 且 $A \neq B$；$t \in T$；$M \subseteq ST(t) \cap (N \cup K_0)$。

为了简单起见，把 $A \,!\, B\,(\varnothing)\, t$ 改写为 $A \,!\, B{:}t$。所有动作集用 Ac 表示，所有发送动作集用 Send 表示，所有接收动作集用 Recv 表示。

一个主体在不同的动作中扮演不同的身份。例如，在动作 $A \,!\, B : (M)\, t$ 中，主体 B 为预计接收者（Intended Receiver），而在动作 $A \,?\, B : t$ 中，主体 B 又为声称发送者（Purported Sender）。随后在详述了安全协议的动作语义后将会看到，每一个发送动作即时（Instantaneous）对应入侵者一个接收动作；同样地，每一个接收动作即时对应入侵者一个发送动作。

$$\text{对于 } a = A\,!\,B:(M)\,t, \quad \text{term}\,(a) \overset{\text{def}}{=} t \text{ and NT}\,(a) \overset{\text{def}}{=} M$$

$$\text{对于 } a = A\,?\,B:t, \quad \text{term}\,(a) \overset{\text{def}}{=} t \text{ and NT}\,(a) \overset{\text{def}}{=} \varnothing$$

其中，$\text{NT}\,(a)$ 表示执行动作 a 时生成的新消息。类似地，对于 $\eta \in \text{Ac}^+$（Ac^+ 为动作集 Ac 的闭包），上述表示法可适当地扩展，同样适用 $\text{terms}\,(\eta)$、$\text{NT}\,(\eta)$ 和 $\text{Actions}\,(\eta)$。同样地，$\text{ST}\,(a)$ 和 $\text{EST}\,(a)$ 意义亦然。

主体 A 的动作集 Ac_A 由下列集合给出：

$$\{C\,!\,D:(M)\,t,\ C\,?\,D:t \in \text{Ac} \mid C = A\}$$

4.1.4　协议

定义 4.1　一个协议是一信息对，即

$$\text{Pr} = (C, R)$$

其中，C 为 Pr 的常量集，用 $\text{CT}\,(\text{Pr})$ 表示，是 T_0 的一个子集；R 为 Pr 的角色集，用 $\text{Roles}\,(\text{Pr})$ 表示，是 Ac^+ 的一个有限非空子集，使得对于所有 $\eta \in R$，存在 $A \in H_0$，有 $\eta \in \text{Ac}_A^+$；$C \cap \text{NT}\,(R) = \varnothing$。

4.1.5　迹

定义 4.2　协议不同次运行产生的通信交替序列，形式化描述如下。

迹 $\pi = \sigma_0 a_1 \sigma_1 a_2 \sigma_2 \cdots a_i \sigma_i \cdots a_n \sigma_n$ 是状态 σ_{i-1} 与动作 a_i 有界交替序列，对于所有 $0 < i \leqslant n$，有 $\sigma_{i-1} \xrightarrow{\ a_i\ } \sigma_i$。数字 n 的值表示迹 π 的长度。

定义 4.3　一个信息状态 s 为一元组 $(s_A)_{A \in \text{Ag}}$，对于每一个主体 A 有 $s_A \subseteq T$。S 表示所有信息状态集。对于状态 s，定义 $\text{ST}\,(s)$ 为 $\underset{A \in \text{Ag}}{\cup}\,\text{ST}\,(s_A)$。

定义 4.4　给定协议 $\text{Pr}=(C,R)$，Pr 的初始状态 $\text{ini}\,(\text{Pr})$ 定义为 $(T_A)_{A \in \text{Ag}}$，对于所有 $A \in H_0, T_A = C \cup K_A$ 且 $T_I = C \cup K_I \cup \{n_0, k_0\}$。

为了方便描述，用抽象名及对抽象名改名操作，代替从抽象名到具体名的置换（Substitution）操作。事实上，对以下形式化表示中引入具体名，可以验证所有结论也成立。

命题 4.1　置换 σ 是从 τ_0 到 τ_0 的偏映射（Partial Map），有

对于所有 $A \in \text{Ag}$，如果 $\sigma(A)$ 有定义，则 $\sigma(A) \in \text{Ag}$；

对于所有 $k \in K_0$，如果 $\sigma(k)$ 有定义，则 $\sigma(k) \in K_0$；

对于所有 $n \in N$，如果 $\sigma(n)$ 有定义，则 $\sigma(n) \in N$。

置换操作可直接扩展适用于消息、消息集、动作及动作序列中。

（1）只有 $\sigma(A)$ 被定义，$\sigma(\text{pubk}_A)$ 和 $\sigma(\text{privk}_A)$ 才被定义，在这种情况下，$\sigma(\text{pubk}_A)$ 和 $\sigma(\text{privk}_A)$ 分别被定义为 $\text{pubk}_{\sigma(A)}$ 和 $\text{privk}_{\sigma(A)}$。

(2) 只有 $\sigma(A)$ 和 $\sigma(B)$ 被定义且彼此不同，$\sigma(k_{AB})$ 才被定义，在这种情况下，$\sigma(k_{AB})$ 被定义为 $k_{\sigma(A)\sigma(B)}$。

(3) 只有 $\sigma(A)$、$\sigma(B)$ 和 $\sigma(t)$ 被定义，同时 $\sigma(A)$ 不同于 $\sigma(B)$ 且 $\sigma(A) \in H_0$，$\sigma(A\,!\,B:(M)\,t)$ 才被定义，在这种情况下，$\sigma(A\,!\,B:(M)\,t)$ 被定义为 $\sigma(A)\,!\,\sigma(B):(\sigma(M))\sigma(t)$。

(4) 只有 $\sigma(A)$、$\sigma(B)$ 和 $\sigma(t)$ 被定义，同时 $\sigma(A)$ 不同于 $\sigma(B)$ 且 $\sigma(A) \in H_0$，$\sigma(A\,?\,B:t)$ 才被定义，在这种情况下，$\sigma(A\,?\,B:t)$ 被定义为 $\sigma(A)\,?\,\sigma(B):\sigma(t)$。

置换 σ 对于动作 a 是适配的 (Suitable)，当且仅当 $\sigma(a)$ 被定义；置换 σ 对于动作序列 η 是适配的，当且仅当 $\sigma(\eta)$ 被定义；置换 σ 对于协议 Pr 是适配的，当 $\sigma(t)$ 被定义且等同于 t (对于所有常量 t，$t \in \mathrm{CT}(\mathrm{Pr})$)；对于 $T \subseteq \tau_0$，置换 σ 被称为 T-substitution，当且仅当对于所有 $x \in \tau_0$，如果 $\sigma(x)$ 被定义，则 $\sigma(x) \in T$。置换操作是偏映射而不是全映射，当定义协议角色实例时，只要对在协议中涉及的角色名集进行实例化。

4.2　消息生成规则

定义 4.5 形如 $T \vdash t$ 为一结果序列 (Sequence)，其中 $T \subseteq T$，$t \in T$。analz-proof 和 synth-proof 为关于 $T \vdash t$ 的两种操作，满足以下条件。

(1) analz-proof π 和 synth-proof π 分别为一棵倒置树，倒置树节点用结果序列标注。

(2) 节点之间关系通过 analz-rules (synth-rules)(图 4.1) 中的一条规则联系。

(3) 树根标注为 $T \vdash t$，树叶通过规则 Ax_a 和 Ax_s 的实例标注。

(4) 对于消息集 T，$\mathrm{analz}(T)$ 是消息的集合，对于此消息集的任一条消息 t，存在一条关于 $T \vdash t$ 的 analz-proof 规则；同样地，对于消息集 T，$\mathrm{synth}(T)$ 是消息的集合，对于此消息集的任一条消息 t，存在一条关于 $T \vdash t$ 的 synth-proof 规则。为了便于说明，把 $\mathrm{synth}(\mathrm{analz}(T))$ 表示为 $\overline{T}$。

$$\frac{}{T \cup \{t\} \vdash t}\mathrm{Ax}_a \qquad\qquad \frac{}{T \cup \{t\} \vdash t}\mathrm{Ax}_s$$

$$\frac{T \vdash (t_1 \cdot t_2)}{T \vdash t_i}\mathrm{split}_i(i=1,2) \qquad \frac{T \vdash t_1 \quad T \vdash t_2}{T \vdash (t_1 \cdot t_2)}\mathrm{pair}$$

$$\frac{T \vdash \{t\}_k \quad T \vdash k^{-1}}{T \vdash t}\mathrm{decrypt} \qquad \frac{T \vdash t \quad T \vdash k}{T \vdash \{t\}_k}\mathrm{encrypt}$$

$$\frac{T \vdash \{t\}_{id,k}^{-1}}{T \vdash t}\mathrm{reduce}$$

analz 规则　　　　　　　　　　synth 规则

图 4.1　analz 和 synth 规则

假设 $T, T' \subseteq \mathcal{T}$, $t \in T$, σ 为一个置换操作，满足下面性质，其正确性可通过归纳法证明[5]。

性质 4.1　$T \subseteq \mathrm{analz}(T)$ 且 $T \subseteq \mathrm{synth}(T)$。

性质 4.2　$T \subseteq T'$ 则 $\mathrm{analz}(T) \subseteq \mathrm{analz}(T')$ 且 $\mathrm{synth}(T) \subseteq \mathrm{synth}(T')$。

性质 4.3　$\mathrm{analz}(\mathrm{analz}(T)) = \mathrm{analz}(T)$ 且 $\mathrm{synth}(\mathrm{synth}(T)) = \mathrm{synth}(T)$。

性质 4.4　$t \in \mathrm{synth}(T)$ 当且仅当 $t \in \mathrm{synth}(T \cap \mathrm{ST}(t))$。

性质 4.5　$\sigma(\mathrm{analz}(T)) \subseteq \mathrm{analz}(\sigma(T))$ 且 $\sigma(\mathrm{synth}(T)) \subseteq \mathrm{synth}(\sigma(T))$。

另外，大多规约转换规则是关于量词性质，我们用其形式化描述安全协议，描述方法类似于文献[6]。

假设 q 是二元操作符，Q 是关于操作符 q 的量词，则 $Q\,(i:r(i):f(i))$ 表示"作用于 $f(i)$ 上的量，其中 i 取值范围为 $r(i)$"，例如，作用在二元操作符 $\wedge$ 和 $\vee$ 的量词分别用 $\forall$ 和 $\exists$ 表示。

消息的包含关系（Contain，用符号 $\sqsubseteq$ 表示）定义为

$$m \sqsubseteq a \stackrel{\mathrm{def}}{=} m = a$$

$$m \sqsubseteq m_1 \cdot m_2 \stackrel{\mathrm{def}}{=} m = m_1 \cdot m_2 \vee m \sqsubseteq m_1 \vee m \sqsubseteq m_2$$

$$m \sqsubseteq \{m_1\}_k \stackrel{\mathrm{def}}{=} m = \{m_1\}_k \vee m \sqsubseteq m_1$$

上节已给出有关子消息的概念，同样可以用包含关系来定义消息 m 的子消息 $\mathrm{ST}(m)$：

$$\mathrm{ST}(m) \stackrel{\mathrm{def}}{=} \{\, m' \in \mathcal{T} \mid m' \sqsubseteq m \,\}$$

用 $T \nvdash m$ 来表示 $\neg(T \vdash m)$，关于推导关系 "$\vdash$"，可以通过归纳法证明。

推论 4.1　若消息 m 能从消息集 T 推导出，同样消息 m 能从更大的消息集 T' 推导出：

$$T \vdash m \wedge T \subseteq T' \Rightarrow T' \vdash m$$

推论 4.2　新推导出的消息能用于后续推导：

$$T \vdash m' \wedge T \cup \{m'\} \vdash m \Rightarrow T \vdash m$$

推论 4.3　若消息 m 能从消息集 T 推导出，而消息 m 中存在不能由消息集 T 推导出的子消息 X，则在消息 m 中存在包含 X 的加密子消息 Y。子消息 Y 能从消息集 T 推导出，子消息 Y 包含在消息集 T 的某些消息 T_1 中，但子消息 Y 不能被解密：

$$T \vdash m \wedge X \sqsubseteq m \wedge T \nvdash X \Rightarrow \exists(Y: Y \in \mathrm{ST}(m): X \sqsubseteq Y \wedge T \vdash Y) \wedge$$

$$\exists(T_1: T_1 \subseteq T: Y \sqsubseteq T_1) \wedge \exists(Z, k: Z \in \mathcal{T} \wedge k \in K: Y = \{Z\}_k \wedge T \nvdash k^{-1})$$

推论 4.4　假设 $A \cup T \vdash x$，x 包含 a，$a \in T_0$，则要么消息集 T 的某些消息包含一个密钥，x 中包含 a 的某些子消息能从 A 推导出，要么 a 包含在 T 的某些消息中：

$$A \cup T \vdash x \wedge a \sqsubseteq x \wedge a \in T_0 \Rightarrow \exists(k, b : k \in K \wedge b \in T : k \sqsubseteq b \wedge A \nvdash k \wedge A \cup T \vdash k) \vee$$
$$\exists(z : z \in ST(x) : a \sqsubseteq z \wedge A \vdash z) \vee \exists(b : b \in T : a \sqsubseteq b \wedge A \nvdash a)$$

例题 4.1　假设 $T = \{t\}$，其中 $t = (\{\{(m \cdot n)\}_k\}_{k'}, (k^{-1} \cdot k'^{-1}))$。图 4.2 给出的 analz-proof 得出结论 $m \in \text{analz}(T)$。为了便于阅读，$\{\{(m \cdot n)\}_k\}_{k'}$ 用 t_1 表示，$(k^{-1} \cdot k'^{-1})$ 用 t_2 表示，$\{(m \cdot n)\}_k$ 用 t_3 表示，$(m \cdot n)$ 用 t_4 表示。

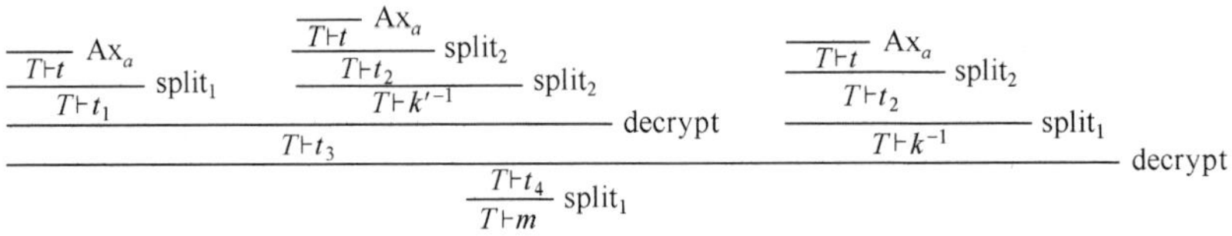

图 4.2　analz-proof 实例

例题 4.2　假设 $T = \{m, n, k, k'\}$ 且 $t = \{\{(m, n)\}_k\}_{k'}$。图 4.3 给出的 synth-proof 得出结论 $t \in \text{synth}(T)$。为了便于阅读，$\{(m \cdot n)\}_k$ 用 t_1 表示，$(m \cdot n)$ 用 t_2 表示。

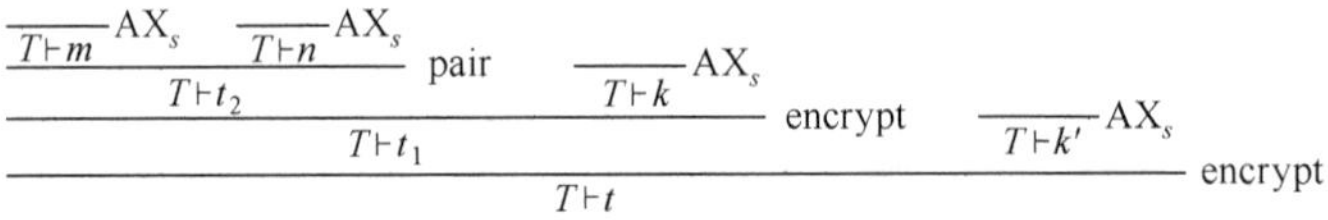

图 4.3　synth-proof 实例

命题 4.2　协议运行时，动作在某一状态上是使能的(Enabled)，以及执行某一动作时对状态的更新(Update)，形式化分别描述如下。

$A!B : (M)t$ is enabled at s 当且仅当 $t \in \overline{s_A \cup M}$。

$A?B : t$ is enabled at s 当且仅当 $t \in \overline{s_I}$。

update $(s, A!B : (M)\ t) \stackrel{\text{def}}{=} s'$，其中 $s'_A = s_A \cup M$，$s'_I = s_I \cup \{t\}$，and for all。

principals C distinct from A and I，$s'_C = s_C$。

update $(s, A?B : t) \stackrel{\text{def}}{=} s'$，其中 $s'_A = s_A \cup \{t\}$，and for all principals。

C distinct from $A, s'_C = s_C$。

update $(s, \varepsilon) = s$，update $(s, \eta \cdot a) = \text{update}(\text{update}(s, \eta), a)$。

需要强调的是，上面描述了入侵者实际上是运用一个无受限缓冲区(Unbounded Buffer)同步地与诚实主体执行每一个发送及接收事件。实际上，入侵者同样扮演了现实网络角色，但还是存在很大不同，因为上述形式化描述过程中，入侵者被假定为不会丢失任何消息(即使这些消息不会传递给预计接收者)，这样就简化了协议分析工作，因为在协议执行的任意时刻，入侵者拥有迄今在网络上交换的所有消息。然而在现实网络环境中，网络可能会丢失部分消息(比如受内存容量的限制)，所以说，上述形式化分析由于考虑到了过去消息而变得复杂些。

定义 4.6 事件序列 $e_1, e_2, \cdots, e_k$ 是关于消息状态 s 的一次运行，当且仅当：

(1)对于所有 $i(1 \leqslant i \leqslant k)$，在状态 $(s, e_1, e_2, \cdots, e_{i-1})$，$e_i$ 是使能的(Enabled)。

(2)对于所有 $i(1 \leqslant i \leqslant k)$，infstate$(s, e_1, e_2, \cdots, e_k)$，且对于所有 $i < j \leqslant k$，NT$(e_i) \cap$ NT$(e_j) = \varnothing$。

定义 4.7 给定协议 Pr，称事件序列 ξ 为协议 Pr 的一次运行，当且仅当：此事件序列 ξ 是关于 init(Pr)的一次运行。用 $\Re$(Pr)表示协议 Pr 的所有运行集。

定义 4.8 给定状态 s 及事件序列 $\xi = e_1, e_2, \cdots, e_k$，infstate$(s, e_1, e_2, \cdots, e_k)$ 被定义为 update$(s, \text{act}(e_1), \text{act}(e_2), \text{act}(e_k))$。

性质 4.6 假定序列 $\xi = e_1, e_2, \cdots, e_k$ 是关于状态 s 的一次运行，对于所有 $i \leqslant k$，NT$(e_i) \cap$ ST(infstate$(s, e_1, e_2, \cdots, e_{i-1})) = \varnothing$。

本节关于安全协议形式化表示，更多的是基于指称(Denotational)语义，而不是基于操作(Operational)语义。在基于操作语义的描述过程中，往往对主体消息更新的细节刻画得不够，而基于指称语义的描述过程中，协议运行的描述不仅是一个动作序列而且是一个事件序列。事件是关于在某特定过程中动作出现的记录，形成部分事件的置换能唯一地标识与给定动作有关的会话，通过会话对角色中涉及的所有变量置换成具体消息，因此，能更精确地描述协议运行的本质。主体消息状态只表示主体拥有以及能合成的消息，不表示其他控制消息，所以当一个主体接收到一条消息 t 时，仅把消息 t 添加进它的信息状态中，不需要对任何控制消息加以更新。

4.3　基于算法知识逻辑的协议形式化分析

用于安全协议分析的逻辑需要对入侵者进行形式化建模，用来刻画入侵者能力。尽管已证明知识逻辑[7]提供了一种强有力的方法用于分布系统中协议的描述，但用于安全协议进行模型检测技术分析并没引起足够重视。在本节中，将阐述如何运用算法知识逻辑(Logic of Algorithm Knowledge，LAK)分析安全协议[8]。简单地说，入侵者假定使用算法来计算其知识，入侵者的能力也通过对其所使用的算法做适当的限制来获得。Dolev-Yao 模型是一种有价值的抽象，但存在几个缺点：不能对知道特定协议(Protocol-Specific)信息的入侵者进行处理，也不能处理概率性事件，比如入侵者企图猜测密码。在此背景下，对 Dolev-Yao 模型中的入侵者进行建模，同时可对入侵者能力进行扩充，包括处理特定协议的信息及概率性猜测能力。

4.3.1　多智体系统

多智体(Multiagent)系统提供了对知识进行建模的方法[7]，也方便用于协议执行进行建模。一个多智体系统包括 n 个智体(Agent)，每一个智体在某一运行时间上处于某一局部状态中。假定智体的局部状态封装了主体能存取的所有消息。分析安全协议时，一个智体的局部状态包括的初始消息有：密钥、已发送及接收到的消息、时钟消息。

把整个系统看作处于某一全局状态中，用元组表示，包括每个智体的局部状态及环境状态，其中环境包括与系统有关的没有包含在智体状态中的所有事件。因此，一个全局状态用元组 $(s_e, s_1, \cdots, s_n)$ 表示，其中 s_e 表示环境的状态，s_i 表示智体 i 的状态，$i = 1, 2, \cdots, n$。智体的局部状态及环境状态描述具体依赖于其实际应用。

为了能描述系统的动态性，定义系统的一次运行是一个从时间到全部状态的函数。直观上，一个函数是对系统发生在某一时间一次可能执行的完整描述。用信息对 (r, t) 定义一个时间点(Point)，即状态，其中 r 代表一次在时间 t 上的运行。为了简单起见，在下面的讨论中，把时间取值范围定为自然数。在某一时间点 (r, t) 上，系统处于某全局状态 $r(t)$ 中。如果 $r(t) = (s_e, s_1, \cdots, s_n)$，则把 $r_i(t)$ 表示成智体 i 在时间点 (r, t) 上的局部状态 s_i。

系统 $\Re$(见定义 4.7)形式化定义为一个运行(执行)集，由此，把安全协议用系统 $\Re$ 来建模就很直接了然了。需要强调的是，在安全协议中的入侵者恰好可看作一个智体而加以建模，入侵者在某一次某一时间点上运行可通过其局部状态表示。

4.3.2　算法知识逻辑

算法知识逻辑推导安全协议多智体系统的性质，包括系统中涉及智体知识性质，具体通过添加算法知识操作运算符对经典知识逻辑进行扩充。

算法知识逻辑 L_n^{KX}，其语法简单明了，用原子命题集 Φ_0 表示系统的基本事实(知识)，比如"密钥是 k"或"主体 A 发送消息 m 到主体 B"，$L_n^{KX}(\Phi_0)$ 公式由 Φ_0 中的逻辑命题和逻辑非($\neg$)、逻辑交($\wedge$)、模态操作符 $K_1, K_2, \cdots, K_n$ 及 $X_1, X_2, \cdots, X_n$ 构造而成，$L_n^{KX}(\Phi_0)$ 语法表示如下所示。

$p,q\in\Phi_0$	Primitive propositions
$\varphi,\psi\in\Phi::=$	Formulas
p	Primitive proposition
$\neg\varphi$	Negation
$\varphi\wedge\psi$	Conjunction
$K_i\varphi$	Implicit knowledge of φ ($i\in 1,\cdots,n$)
$X_i\varphi$	Explicit knowledge of φ ($i\in 1,\cdots,n$)

公式 $K_i\varphi$ 读成"主体 i 隐式地知道事实 φ",而公式 $X_i\varphi$ 读成"主体 i 显式地知道事实 φ"。事实上,我们把 $X_i\varphi$ 理解成"主体 i 能计算事实 φ"。 $\varphi\wedge\psi$ 等价于 $\neg(\neg\varphi\wedge\neg\psi)$, $\varphi\Rightarrow\psi$ 等价于 $(\neg\varphi\vee\psi)$ 。

L_n^{KX} 逻辑模型基于现实可能情况以及 Kripke 结构。Kripke 结构 $M=(S,\pi,\kappa_1,\cdots,\kappa_n)$,其中 S 是状态集, π 是映射:状态集 S 中的每一状态 s 对应在该状态下为真的原子命题集合(例如, $\pi(s)(p)\in\{\text{true},\text{false}\}$,对于每个状态 $s\in S$ 以及每一个原子命题 p),设 $s=(s_1,s_2,\cdots,s_n)$, $t=(t_1,t_2,\cdots,t_n)$ 。

如果 $s_i=t_i$,则称对主体 i , s 和 t 是不可分辨的(Indistinguishable),并记作 $s\sim_i t$,令 $\kappa_i=\{(s,t)\mid s\in S,t\in S,s\sim_i t\}(i=1,2,\cdots,n)$,显然 κ_i 是与主体 i 有关的在 S 上的等价关系(等价关系是一个二元关系,它是自反的、对称的、传递的)。

一旦在系统中添加函数 π 用于对原子命题赋逻辑值,那么此系统便可看成一个 Kripke 结构。

一个解释系统 $\mathscr{L}=(\mathfrak{R},\pi)$,定义为: $\mathfrak{R}$ 表示一个系统, π 是对 φ 中的命题进行解释,在全局状态下赋逻辑值给原子命题。

对于原子命题 $p\in\varphi$ 以及在 $\mathfrak{R}$ 中出现的全局状态 s ,有 $\pi(s)(p)\{\text{true, false}\}$ 。系统 $\mathfrak{R}$ 中的所有状态看成解释系统 $\mathscr{L}$ 的对应状态, $\pi(r)(t)$ 用 $\pi(r(t))$ 表示。

解释系统 $\mathscr{L}(\mathfrak{R},\pi)$ 可表示成一个 Kripke 结构:

(1)把系统中所有可能情况表示成 $\mathfrak{R}$ 的状态。

(2)通过定义 κ_i ,如果有 $r_i(t)=r_i'(t')$,则 $((r,t),(r',t'))\in\kappa_i$ 。主体 $i(i=1,2,\cdots,n)$ 所拥有的知识完全由其局部状态决定。

为了说明 X_i ,对每一个主体提供一个知识算法,用于计算显式知识 $X_i\varphi$ 。设解释算法系统表示为 $(\mathfrak{R},\pi,A_1,\cdots,A_n)$,其中 $(\mathfrak{R},\pi)$ 是一个解释系统, A_i 是关于主体 i 的知识算法。在局部状态 l ,主体通过运用知识算法 A 计算是否知道 φ ,知识算法 A 输出有三种可能:①"Yes",②"No",③"?",意指没有足够资源(如内存受限)计算此答案,正因如此,要求处理的是资源受限情况,即安全协议实际模型检测时条件要做适当限制。

解释系统 $\mathscr{L}$ 在状态 (r, t) 下，公式为 φ 为真，记为 $(\mathscr{L}, r, t) \vdash \varphi$，归纳定义为

(1) $(\mathscr{L}, r, t) \vdash p$ if $\pi(r, t)(p) =$ true

(2) $(\mathscr{L}, r, t) \vdash \neg \varphi$ if $(\mathscr{L}, r, t) \not\models \varphi$

(3) $(\mathscr{L}, r, t) \vdash \varphi \wedge \psi$ if $(\mathscr{L}, r, t) \vdash \varphi$ and $(\mathscr{L}, r, t) \vdash \psi$

(4) $(\mathscr{L}, r, t) \vdash K_i \varphi$ if $(\mathscr{L}, r, t) \vdash \varphi$ for all (r', t') such that $r_i(t) = r_i'(t')$

(5) $(\mathscr{L}, r, t) \vdash X_i \varphi$ if $A_i(\varphi, r_i(t)) =$ "Yes"

子句(1)表示运用 π 定义原子命题的语义，子句(2)和子句(3)分别定义 $\neg$ 和 $\wedge$ 的语义，它们是命题逻辑的标准子句，子句(4)表明主体 i 确切地知道 φ，子句(5)表示主体由其采用的对应算法决定是否知道 φ。

如上所述，隐式知识 K_i(Implicit Knowledge)表示所有主体隐式知道的消息，显式知识(Explicit Knowledge) X_i 表示主体能显式地计算出来的知识。$X_i \varphi$ 与 $K_i \varphi$ 之间没有必然联系，例如，主体 i 通过算法能清楚地声明它知道 φ（即使在那些 $K_i \varphi$ 不满足的状态）。

定义 4.9 系统 $\mathscr{L}$ 中主体 i 的知识算法是可靠的(Sound)，如果满足对于 $\mathscr{L}$ 中所有状态 (r, t) 及公式 φ，有

$A(\varphi, r_i(t)) =$ "Yes" $\Rightarrow (\mathscr{L}, r, t) \vdash K_i \varphi$ 且 $A(\varphi, r_i(t)) =$ "No" $\Rightarrow (\mathscr{L}, r, t) \vdash \neg K_i \varphi$

4.3.3 算法知识逻辑分析协议

为了分析安全协议，考虑安全系统中主体的局部状态是由主体的初始消息及主体参与事件构成的序列组成。一个事件要么是接收一条消息 m 的操作 recv(m)，要么是发送一条消息 m 至另一个主体 i 的发送操作 send(i, m)。

为了对入侵者能力显式地建模，假设入侵者局部状态包含所有主体间交换的消息集，表示入侵者能截取网络中所有主体交换的消息，所有主体（包括入侵者）运用"知识算法"计算它们知道的知识，入侵者的能力通过其知识算法来捕获，根据入侵者所知的消息对入侵者进行建模。

命题 4.3 从 4.2 节关于包含关系的定义，对于消息集 T，可得出

(1) $m \sqsubseteq m$。

(2) 若 $m \sqsubseteq m_1$，则 $m \sqsubseteq m_1 \cdot m_2$。

(3) 若 $m \sqsubseteq m_2$，则 $m \sqsubseteq m_1 \cdot m_2$。

(4) 若 $m \sqsubseteq m_1$，则 $m \sqsubseteq \{m_1\}_k$。

若 m_1 能用于 m_2 的构造时，则 $m_1 \sqsubseteq m_2$。例如，若 $m = \{m_1\}_k = \{m_2\}_k$，则 $m_1 \sqsubseteq m$ 与 $m_2 \sqsubseteq m$ 都成立。因此，给定 m_1 和 m_2，判断 $m_1 \sqsubseteq m_2$ 是否成立，则需遍寻所有消息生成规则，分裂消息 m_2，通过分解(De-Concatenation，Projection)或解密(Decryption)操作，最终决定 m_1 能否从 m_2 推导出。

定义 4.10　用于安全协议分析的原子命题集 φ_0^s：

$p, q \in \varphi_0^s ::=$

　　　　$\mathrm{send}_i(m)$　　　主体 i 发送消息 m

　　　　$\mathrm{recv}_i(m)$　　　主体 i 接收到消息 m

　　　　$\mathrm{has}_i(m)$　　　主体 i 拥有消息 m

显然，当主体 i 已发送消息 m，$\mathrm{send}_i(m)$ 为 true，当主体 i 已收到消息 m，$\mathrm{recv}_i(m)$ 为 true，主体 i 在某一状态 (r, t) 拥有子消息 m_1，记为 $\mathrm{has}_i(m_1)$，假如存在消息 m_2，$m_2 \in T$，使得 $\mathrm{recv}(m_2)$ 在主体 i 的局部状态 $r_i(t)$ 中，且 $m_1 \sqsubseteq m_2$。注意谓词 has_i 并不限于是否加密情况，如果 $\mathrm{has}_i(\{m\}_k)$ 满足，无论主体 i 是否知道解密密钥 k^{-1}，$\mathrm{has}_i(m)$ 亦满足。谓词 has_i 隐式地表示主体 i 拥有的所有消息，即已在主体之间交换过的消息。

定义 4.11　解释安全系统是形如 $\mathscr{L} = (\mathfrak{R}, \pi_R^S)$ 的解释系统，其中：

$\mathfrak{R}$ 表示安全协议系统；

π_R^S 是对 $\mathfrak{R}$ 中原子命题的正则解释（Canonical Interpretation）：

(1) $\pi_R^S(r, t)(\mathrm{send}_i(m)) = \text{true}$ iff $\exists j$ such that send $(j, m) \in r_i(t)$。

(2) $\pi_R^S(r, t)(\mathrm{recv}_i(m)) = \text{true}$ iff $\mathrm{recv}(m) \in r_i(t)$。

(3) $\pi_R^S(r, t)(\mathrm{has}_i(m)) = \text{true}$ iff m' such that $m \sqsubseteq m'$ and $\mathrm{racv}(m') \in r_i(t)$。

定义 4.12　解释算法安全系统是形如 $(\mathfrak{R}, \pi_R^S, A_1, \cdots, A_n)$ 的解释算法系统：

(1) $\mathfrak{R}$ 表示安全协议系统。

(2) π_R^S 是对 $\mathfrak{R}$ 中原子命题的正则解。

(3) A_i 表示主体 i 的知识算法。

为了捕获 Dolev-Yao 模型中入侵者能力，通过定义入侵者 i 的知识算法 A_i^{DY}，判断入侵者是否事实上拥有某一消息。调用过程中把主体 i 的知识算法 A_i^{DY} 以及主体 i 局部状态 l 作为输入参数，判断入侵者是否知晓某一消息。在定义 A_i^{DY} 最有趣的情况是当公式为 $\mathrm{has}_i(m)$ 时，为了在局部状态 l 下计算 $A_i^{\mathrm{DY}}(\pi, l)$，根据其所知的密钥，只要判断 m 是否为 m' 的子串（m' 是入侵者已收到的任意消息）。

函数 $\mathrm{initkeys}(l)$ 表示主体 i 在局部状态 l 下所知的所有密钥（主体 i 的局部状态是附属于主体 i 的事件序列，包括协议运行的最初消息）。

函数 $\mathrm{submsg}(\ )$ 用来判断消息 m 是否为 m' 的子消息，此函数可拆分由级联生成的消息，只要入侵者知道相应的解密密钥，就能解密消息。

关于 Dolev-Yao 模型的知识算法具体描述如下。

$$A_i^{\mathrm{DY}}(\mathrm{has}_i(m), l) \stackrel{\mathrm{def}}{=} K = \mathrm{keysof}(l)$$
$$\text{for each } \mathrm{recv}(m') \text{ in } l \text{ do}$$
$$\text{if } \mathrm{submsg}(m, m', K) \text{ then}$$

return "Yes"

return "No"

{

/*运用模型检测技术验证网络密码协议时，运用静态分析策略，可简化入侵者知识表示，从而降低搜索复杂度(提高搜索效率)*/

(1) 入侵者能学到但从不作为有效消息被其他主体接收的消息，可以避免此类消息生成(生成策略)；

(2) 入侵者潜在需要但学不到消息，无须表示此类消息(表示策略)；

}

submsg $(m, m', K) \overset{\text{def}}{=}$ if $m = m'$ then

return true /* Atom Rule */

if m' is $\{m_1\}_k$ and $k^{-1} \in K$ then

return submsg (m, m_1, K)

/* Decryption Rule */

if m' is $m_1 \cdot m_2$ then

return submsg $(m, m_1, K) \vee$ submsg (m, m_2, K)

/* Split Rule */

return false

keysof $(l) \overset{\text{def}}{=} K \leftarrow$ initkeys(l)

loop until no change in K

$K \leftarrow \bigcup$ (getkeys$(m, K), \forall$ recv$(m) \in l)$

return K

getkeys$(m, K) \overset{\text{def}}{=}$ if $m \in \tau_0$ then

return $\{m\}$

if m is $\{m_1\}_k$ and $k^{-1} \in K$ then

return getkeys(m_1, K)

if m is $m_1 \cdot m_2$ then

return getkeys$(m_1, K) \bigcup$ getkeys(m_2, K)

return $\{\}$

关于算法 A_i^{DY}，有如下性质。

性质 4.7　假定 B_1 表示入侵者能学到的消息集，IK 表示真正存储于入侵者的知识集，则 $B_1 \setminus$ IK 表示从不作为有效消息被其他主体接收的消息，从而可以避免此类消息产生。

性质 4.8　假定 B_2 表示入侵者潜在需要的消息，IK 表示真正存储于入侵者的知识集，则 $R_2 \backslash IK$ 表示入侵者学不到的消息，从而无需表示此类消息。

入侵者运用算法 A_i^{DY}（$has_i(m)$，l）修改（update）其消息，并递归调用函数 submsg（）（为便于表达，用 has_op 表示 update 操作），在局部状态 l 运用 recv(m) 产生（generate）新消息（用 gen_op 表示 generate 操作）。对于消息集 τ_0，has_op(τ_0) 和 gen_op(τ_0) 同样是消息集。

定理 4.1　若 $E, E' \subseteq T, m \in T$，满足：

$$E \subseteq has\_op(E) \text{ 且 } E \subseteq gen\_op(E)$$

若 $E \subseteq E'$，则 $has\_op(E) \subseteq has\_op(E')$ 且 $gen\_op(E) \subseteq gen\_op(E')$。

为了便于说明，用 $\overline{E}$ 表示 gen_op(has_op(E))，从定理 4.1 可得知：$\overline{E}$ 是在 gen_op 下的闭包。定理 4.2 表明：$\overline{E}$ 也是在 has_op 下的闭包，从而得出一个重要结论：对于消息集 E，gen_op(has_op($\overline{E}$)) = $\overline{E}$，即 $\overline{\overline{E}}$ = $\overline{E}$。

定理 4.2　对于所有 $E \subseteq T$，has_op($\overline{E}$) = $\overline{E}$。

证明：从右往左的包含（⟸）证明是简明的。现在证明从左往右的包含（⟹）。假设 $m \in has\_op(\overline{E})$，$\pi$ 是关于 $\overline{E} \vdash m$ 上表示 has_op 的一个迹，通过结构化归纳证明，对于其根标注为 $\overline{E} \vdash m_1$ 的迹 π 上的每一个子证明 ϖ，$m_1 \in \overline{E}$，从而可知 $m \in \overline{E}$。

假定 ϖ 是其根标注为 $\overline{E} \vdash m_1$ 的迹 π 上的一个子证明，使得对于其根标注为 $\overline{E} \vdash m_1'$ 的 ϖ 上的所有恰当子证明 ϖ'，$m_1' \in \overline{E}$，证明 $m_1 \in \overline{E}$ 同样成立即可。下面分别考虑应用于 ϖ 的根的规则是 Atom、Decryption 和 Split。

（1）假设 ϖ 是 A_i^{DY}（$has_i(m)$,l）中规则 Atom 的子证明：

if $m = m'$ then return true

那么通过定义可知 $m_1 \in \overline{E}$。

（2）假设 ϖ 是规则 Decryption 的子证明：

if m' is $\{m_1\}_k$ and $k^{-1} \in K$ then return submsg（m, m_1, K），如下如示。

$$
\begin{array}{cc}
(\varpi') & (\varpi'') \\
\vdots & \vdots \\
\overline{E} \vdash \{m_1\}_k & \overline{E} \vdash k^{-1} \\
\hline
\multicolumn{2}{c}{\overline{E} \vdash m_1}
\end{array}
$$

通过归纳假设 $\{\{m_1\}_k, k^{-1}\} \subseteq \overline{E}$。从 gen_op 定义可知，所有在 $\overline{E}$ 中的原子消息 m，其中 $\overline{E}$ = gen_op(has_op(E))，$m \in has\_op(E)$。由于 k^{-1} 是原子消息，显然 $k^{-1} \in has\_op(E)$。因为 $\{m_1\}_k \in gen\_op(has\_op(E))$，所以可容易得出：$\{m_1\}_k \in has\_op(E)$ 或者 $\{m_1, k\} \subseteq gen\_op(has\_op(E))$，二者必有其一成立。若是第一种情况，因为

$k^{-1} \in \text{has\_op}(E)$，可知 $m_1 \in \text{has\_op}(E) \subseteq \overline{E}$；对于第二种情况，显然 $m_1 \subseteq \overline{E}$；

（3）假设 ϖ 是规则 Split 的子证明：

if $\quad m'$ is $\quad m_1 \cdot m_2$ then $\quad$ return submsg$(m, m_1, K) \vee$ submsg (m, m_2, K)

关于此规则的相应证明与上面相似，从略。

命题 4.4 假设 A，对应下面约定：

（1）所有密钥都是原子的（Atomic）。

（2）加密系统是完善的。

命题 4.5 规范推导（Normalized Derivation）中所有 has_op 操作出现在所有 gen_op 操作之前。

命题 4.6 消息生成规则 has_op 内对应 decrypt 操作实例中的密钥称为小前提（Minor Premise），其他消息称为大前提（Major Premise）。

命题 4.7 以 gen_op 规则推导出的结果或作为规则 has_op 的大前提出现在推导树 $T \vdash m$ 中的消息 m 称为最大消息（Maximum Message）。若推导树中不包含最大消息，则称为规范推导。

定理 4.3 依赖假设 A，对于消息 m，推导树 $T \vdash m$ 可转换为依赖相同假设 A 的规范推导树（Normalized Derivation Tree）$T' \vdash m$。

证明：通过对最大消息数进行归纳证明。假如 T 没有最大消息，那么 T 已经规范化。否则，对 T 中最大消息 M 加以讨论。由于已做过完美加密假设，M 不可能是对某个消息执行 gen_op 推导出的结果同时又是对另外消息执行 has_op 的大前提。因此，有某条 has_op 具体规则应用于 M。在应用了合适的 has_op 具体规则后，最大消息被消除，也没有新的最大消息生成，结果是一棵依赖相同假设 A、对应于消息 M 和拥有次最大消息的推导树，通过归纳法，这棵拥有次最大消息的新推导树又可以再进行推导，最终转换为一棵规范推导树 $T' \vdash m$。

定理 4.4 没有 gen_op 操作规则出现在 has_op 操作规则之上。

证明：没有消息以 gen_op 规则推导出的结果或作为规则 has_op 的大前提出现，则称推导树 $T \vdash m$ 是一棵规范推导树。因此，只要考虑小前提，只有小前提是密钥，根据假设，所有密钥限制为原子的，因此没有消息会以 gen_op 规则推导出的结果或作为规则 has_op 的大前提出现。为此，可以得出结论：没有 gen_op 操作规则会出现在 has_op 操作规则之上。

在规范推导中，所有 has_op 操作规则出现在所有 gen_op 操作规则之上，我们可以先构建 E^*，E^* 为在所有 has_op 操作规则下初始集 E 的闭包。从 E^* 推导 m 只要运用 gen_op 规则执行回溯搜索。现在证明算法 A_i^{DY} 的正确性及终止性。

定理 4.5　$E \vdash m$ iff　$E^* \vdash_g m$（算法正确性）。

证明：$(\Rightarrow)$ 设 T 为从 E 中得出 m 的规范推导树。通过消除所有 has_op 规则，可得到从 $E \cup \Delta$ 中推导 m 的新树 T'（其中 Δ 为出现在 T 顶部而又不在 E 中的所有消息集），因此 T' 是关于 $(E \cup \Delta) \vdash_g m$ 的一颗推导树。从初始树 T 出发，对于每个消息 $\delta_i \in \Delta$，只要使用 has_op 规则就能从 E 推导出，所以 $(E \cup \Delta) \subseteq E^*$。因此，$T'$ 也是一棵关于 $E^* \vdash_g m$ 的推导树。

$(\Leftarrow)$ 通过定义可知，对于每个消息 $i \in E^*$，有 $E \vdash i$。因此，对 T' 顶部上的每个消息 $i \notin E$，通过放置推导树 T_i，可以把关于 $E^* \vdash_g m$ 的推导树 T' 转换成关于 $E \vdash m$ 的推导树 T。

定理 4.5 证明了算法 A_i^{DY} 的正确性。为了证明算法 A_i^{DY} 的终止性，考虑所有在推导过程中生成的消息。has_op 规则从假设初始集 E 开始执行，只生成子消息。由于最初消息为有限长度，而且消息个数也有限，所以在 has_op 规则下闭包进程会终止。现在考虑使用 gen_op 规则的回溯搜索，由于这些 gen_op 规则被应用于回溯，成为搜索子目标的新的大前提消息，必成为被搜索消息的适当子消息。换言之，每个子目标比生成的目标要小。因此，当搜索到 E^* 中的消息，或搜索到不在 E^* 中的原子消息时，搜索过程终止。任何对小前提的搜索同样包括 E^* 的一次扫描。所以，整个算法终止。

本节给出了一个运用算法知识逻辑来分析安全协议的框架，此框架相比其他方法具有明显优势：只要修改入侵者算法就可对其能力进行调整，或者赋予入侵者不同的能力，即入侵者模型具有可扩放性，对于扩展当前模型检测技术用于更严格的入侵者模型非常有用（适当地修改 A_i^{DY} 知识算法，例如，添加 Dolev-Yao 模型随机猜测能力）。

4.4　时　态　逻　辑

时态逻辑是一种描述反应式（并发）系统中状态迁移序列的形式化方法，是模型检测的基础。本节先阐述时态逻辑 CTL* 及其子逻辑 CTL 和 LTL 的语法及语义，然后分析运用时态逻辑描述并发系统性质。

形式化方法是提高软件系统，特别是 Safety-Critical 系统的安全性与可靠性的重要手段。在为此提出的诸多形式化方法中，模型检测以其简洁明了和自动化程度高而引人注目。一个并发系统，直观地讲就是一个运行在多机或支持多进程的单机体系结构上的软件系统，一个并发程序的执行序列是由交错的两个或多个（可并发执行的）进程组成的状态变换序列。时态逻辑（Temporal Logics）[9,10] 是一种描述反应式(并发)系统中状态迁移序列的形式化方法，时态逻辑是模型检测的基础，用以描述并发系统的性质，不同的时态逻辑有其相应的(时态/模态)算子及对应的语义。

4.4.1　Kripke 结构

在有限状态并发系统中，一个 Kripke 结构 M 为一个三元组 $<S, R, L>$，其中，S 是系统中所有状态的集合；$R \subseteq S \times S$ 是转移关系，且必须是完整的(即对所有状态 $s \in S$，存在一个状态 s'，使得 $(s, s') \in R$)；L 是一个函数 $S \to 2^{AP}$(对每个状态，用原子命题的集合标记该状态，AP 是并发系统中所有原子命题的集合)。

M 中的一条路径是一个无限状态序列，该状态序列 $\pi = s_0, s_1, \cdots$ 满足对所有 $i > 0$，有 $(s_i, s_{i+1}) \in R$。

并发执行的程序在执行过程中，各程序交替点的不确定性所引起的各程序的走停点及交替过程的不确定性，使得并发程序的描述与时间变化密切相关。在时态逻辑中，时间并不是显式地表述，而相反地，在公式中可能会描述某个指定状态最终(Eventually)会到达，或者会描述某个错误状态从不(Never)进入。像性质"Eventually"、"Never"可以用时态算子说明，这些算子也可以和逻辑连接词($\vee$、$\wedge$ 和 $\neg$)结合在一起或嵌套使用，构成更复杂的时态逻辑公式来描述并发系统的性质。

4.4.2　CTL*、CTL 和 LTL

从概念上讲，CTL*公式描述的是计算树(Computation Trees)的性质。计算树生成方法：在 Kripke 结构中指定一个状态为初始状态，然后把刚指定的初始状态作为树根并由它出发把 Kripke 结构展开成一个无穷树，计算树描述了从初始状态开始的所有可能执行路径。

CTL*公式由路径算子和时态算子组成。路径算子用来描述树中的分支结构，路径算子 A(All，对于所有的路径)和 E(Exist，存在某条路径)分别表示从某个状态出发的所有路径或某些路径上具有某些性质(描述分枝情况)。时态算子描述经由树的某条路径的性质(描述状态的前后关系)，时态算子具体有：X(neXt)、F(Future)、G(Gobal)、U(Until)和 R(Release)，直观含义分别如下(其中 φ 和 $\psi\varphi$ 为原子命题)。

(1)Xφ 对于某条路径为真，如果 φ 在该路径的当前状态的下一个状态为真。

(2)Fφ 对于某条路径为真，如果在该路径的某个状态 φ 为真。

(3)Gφ 对于一条路径为真，如果在该路径的所有状态 φ 都为真。

(4)φUψ 对于某条路径为真，如果 ψ 在该路径的某个状态为真，而 φ 在这个状态以前的所有状态都为真(U 为二元操作算子)。

(5) $\varphi R\psi$ 对于某条路径为真，如果 ψ 在该路径的某个状态及以后所有状态为真，而 φ 在这个状态以前的所有状态都为假（R 为二元操作算子）。

(6) CTL*中有二类公式：状态公式（其值在某个指定的状态上为真）和路径公式（其值沿着某指定的路径为真）。

4.4.2.1　CTL*语法

CTL*是由下述规则生成的状态公式集（设 AP 为原子命题集，p 为原子命题）。

若 $p\in AP$，则 p 是一个状态公式；

若 f、g 是状态公式，则 $\neg f$、$f\vee g$、$f\wedge g$ 是状态公式；

若 f 是一个路径公式，则 Ef、Af 是状态公式。

对应路径公式的语法规则如下。

若 f 是状态公式，则 f 也是路径公式；

若 f、g 是路径公式，则 $\neg f$、$f\vee g$、$f\wedge g$、Xf、Ff、Gf、fUg、fRg 是路径公式。

4.4.2.2　CTL*的语义

令路径 π^i 是无穷状态序列 $\pi=s_0,s_1,s_2,\cdots$ 中从 s_1 开始的后缀。设 f 是一个状态公式，则 $M,s\models f$ 表示在 M 中状态 s 满足 f，设 g 是一个路径公式，则 $M,\pi\models g$ 表示在 M 中路径 π 满足 g。"$\models$"的递归定义为（设 f_1 和 f_2 为状态公式，g_1 和 g_2 为路径公式）。

$$M,s\models p\Leftrightarrow p\in L(s)$$
$$M,s\models \neg f_1\Leftrightarrow M,s\nvDash f_1$$
$$M,s\models f_1\vee f_2\Leftrightarrow M,s\models f_1 \text{ 或} M,s\models f_2$$
$$M,s\models f_1\wedge f_2\Leftrightarrow M,s\models f_1 \text{ 且} M,s\models f_2$$
$$M,s\models E g_1\Leftrightarrow \exists\pi,\pi=s,s_1,s_2,\cdots,\ M,\pi\models g_1$$
$$M,s\models A g_1\Leftrightarrow \forall\pi,\pi=s,s_1,s_2,\cdots,\ M,\pi\models g_1$$
$$M,\pi\models f_1\Leftrightarrow \exists s,\ \pi=s,s_1,s_2,\cdots \text{ 且} M,s\models f_1$$
$$M,\pi\models \neg g_1\Leftrightarrow M,\pi\nvDash g_1$$
$$M,\pi\models g_1\vee g_2\Leftrightarrow M,\pi\models g_1 \text{ 或} M,\pi\models g_2$$
$$M,\pi\models g_1\wedge g_2\Leftrightarrow M,\pi\models g_1 \text{ 且} M,\pi\models g_2$$
$$M,\pi\models X g_1\Leftrightarrow M,\pi^1\models g_1$$
$$M,\pi\models F g_1\Leftrightarrow \exists k,\ k\geqslant 0,\ M,\pi^k\models g_1$$
$$M,\pi\models G g_1\Leftrightarrow \forall i,\ i\geqslant 0,\ M,\pi^i\models g_1$$
$$M,\pi\models g_1 U g_2\Leftrightarrow \exists k,\ k\geqslant 0,\ M,\pi^k\models g_2 \text{ 且} \forall j,0\leqslant j<k,\ M,\pi^j\models g_1$$
$$M,\pi\models g_1 R g_2\Leftrightarrow \forall j,\ j\geqslant 0,\text{ 若} \forall i,\ i<j,\ M,p^i\nvDash g_1 \text{则} M,\pi^j\models g_2$$

容易看出只使用操作算子∨、¬、X、U、E足以表达其他CTL*公式。

$$f \wedge g \equiv \neg(\neg f \vee \neg g)$$
$$f \mathrel{R} g \equiv \neg(\neg f \mathrel{U} \neg g)$$
$$\mathrm{F} f \equiv \mathrm{True} \mathrel{U} f$$
$$\mathrm{G} f \equiv \neg \mathrm{F} \neg f$$
$$A(f) \equiv \neg \mathrm{E}(\neg f)$$

4.4.2.3　CTL 和 LTL

CTL 和 LTL 是两种模型检测中常用的时态逻辑，模型检测工具 SMV[11]和 SPIN 中性质描述分别使用 CTL 和 LTL，它们都是 CTL*的子逻辑。二者的区别在于：CTL 是在状态的计算树上解释的，对应于计算树上的每一个状态，要考虑它的一切可能的后继状态(确定沿于某一给定状态的所有可能路径)；LTL 则是在状态的线性序列上解释的，状态之间按照一个隐含的时间参数严格排序，对于每个状态都有唯一的后继状态。

CTL 中路径算子和时态算子成对出现，而且路径算子后面必须有一个时态算子。使用下列规则对 CTL*中的路径公式的语法加以限制即得 CTL 公式。

若 f、g 是状态公式，则 $\mathrm{X}f$、$\mathrm{F}f$、$\mathrm{G}f$、$f\mathrm{U}g$、$f\mathrm{R}g$ 是路径公式。

对 CTL 公式存在线性时间的模型检测算法，即算法的最坏时间复杂度与 $|S|*|F|$ 成正比，这里 $|S|$ 是状态迁移系统的大小，$|F|$ 是 CTL 逻辑公式的长度。

形如 Af 为 LTL 公式，路径公式 f 中被允许的状态子公式只能是原子命题，构建 f 的语法规则如下。

若 $p \in \mathrm{AP}$，则 p 是一个路径公式；

若 f、g 是路径公式，则 $\neg f$、$f \vee g$、$f \wedge g$、$\mathrm{X}f$、$\mathrm{F}f$、$\mathrm{G}f$、$f\mathrm{U}g$、$f\mathrm{R}g$ 是路径公式(文献[12]中 LTL 的时态算子 X、F 和 G 分别用○、◇和□表示)。LTL 模型检测的常用方法是将所要检测的性质即 LTL 公式的补转换成 Büchi 自动机，然后求其与表示系统的自动机的交，如果交为空，则说明系统满足所要检测的性质；否则生成一个反例，说明不满足的原因。

4.4.3　并发系统性质描述

(1)AGp 表示系统的不变特性。例如，说明两个进程不可能同时访问一个资源或系统不会到达死锁状态。该公式通常表示"坏的事情永远不会发生"。

(2)$AFAGp$ 表示系统最终停留在 p 为真的状态，用它说明系统失效的次数是有限的特性。

（3）$AG(p \to AFq)$ 表示从所有 p 为真的状态，最终总能到达 q 为真的状态。它也可以表示在任何状态只要有请求，则系统最终能响应请求。

（4）$AGAFp$ 表示从任何一个可达状态，能无限多次进入使得 p 为真的状态。可以用于描述从任何可达状态都能进入到复位状态的系统特性。

（5）AFp 表示从初始状态最终总能进入到使 p 为真的状态，即表示"好的事情总是会发生"。

（6）$AGEFp$ 表示 p 总是有可能发生的，例如，可以表示系统总是可能进入到不死锁的状态。

4.4.4　实例

比较而言，线性时态逻辑 LTL 更适用 on-the-fly[13] 技术对并发程序性质进行验证。下面给出 LTL 描述系统性质的两个例子。

（1）交通信号灯管理。

交通信号灯的颜色在 green、yellow 和 red 之间变化，用原子命题 gr、ye 和 re 分别表示 green、yellow 和 red 三种颜色。假设交通信号灯按下列次序不停地变化：

$$green \to yellow \to red \to green$$

事实上，在某一时刻交通信号灯只能处于 green、yellow 和 red 这三种颜色中的一种，此性质可以用 LTL 描述成不变式（Invariant），即

$$\Box(\neg(gr \wedge ye) \wedge \neg(ye \wedge re) \wedge \neg(re \wedge gr) \wedge (gr \vee ye \vee re))$$

交通信号灯在变为 yellow 之前一直处于 green，此性质可用 LTL 描述成

$$\Box(gr \to gr\ U\ ye)$$

因此，交通信号灯颜色变化规律可描述为

$$\Box((gr\ U\ ye) \vee (ye\ U\ re) \vee (re\ U\ gr))$$

若对交通信号灯颜色变换次序作修改（在 red 变为 green 之前，假定要先经过 yellow），即

$$green \to yellow \to red \to yellow \to green$$

此时，若规约描述成 $\Box(((gr \vee re)\ U\ ye) \vee (ye\ U\ (gr \vee re)))$，则会出现两种错误的情况：$(gr \vee re)\ U\ ye$ 允许信号灯颜色 red 和 green 在变为 yellow 前变换多次；同时允许变换次序 green $\to$ yellow $\to$ green 出现。

正确的规约应描述为（可从 green、yellow 和 red 任一颜色开始）

$$□((gr \to (gr\,U\,(ye \wedge (ye\,U\,re)))) \wedge (re \to (re\,U\,(ye \wedge (ye\,U\,gr))))$$
$$\wedge (ye \to (ye\,U\,(gr \vee re))))$$

其中，gr $\to$ (gr U (ye $\wedge$ (ye U re)))、re $\to$ (re $\to$ (ye $\wedge$ (ye U gr))) 分别描述颜色变换次序 green $\to$ yellow $\to$ red、red $\to$ yellow $\to$ green，但没有描述交通信号灯颜色从 yellow 开始变化的行为，基于该原因，ye $\to$ (ye U (gr $\vee$ re)) 要出现在正确的 LTL 之中。若规定颜色是从 red 开始，则上述 LTL 改为(添加 "$\wedge$red"并删去 "ye $\to$ (ye U (gr $\vee$ re)))")：

$$□((gr \to (gr\,U\,(ye \wedge (ye\,U\,re)))) \wedge (re \to (re\,U\,(ye \wedge (ye\,U\,gr)))) \wedge red)$$

注意下列 LTL 公式不能正确描述交通信号灯颜色的变化次序，因为它允许 green→red 和 red→green 两种情况出现：

$$□((gr \to (gr\,U\,(ye\,U\,re)))) \wedge (re \to (re\,U\,(ye\,U\,gr)))) \wedge (ye \to (ye\,U\,(gr \vee re))))$$

(2)互斥执行。

互斥是某些情况下多个进程并发执行时必须解决的问题，即要满足：

① 互斥性(Exclusiveness)：不能允许两个进程同时进入临界区；

② 活性(Liveness)：不能让一个进程无限制地在临界区执行(不能强迫一个进程无限地等待进入它的临界区)。

为了描述这些性质，先定义两个命题。

① $tryCS_i$：进程 P_i 等待进入临界区。

② $inCS_i$：进程 P_i 在临界区 CS_i 中。

互斥性和活性用 LTL 可分别描述为

$$□\neg(inCS_t \wedge inCS_2)$$
$$□(tryCS_i \to \Diamond inCS_i)$$

另外可以进一步说明当有进程在临界区执行时，其他想进入临界区执行的进程必须等待，直至它进入临界区，即

$$□(tryCS_i \to ((tryCS_i\,U\,inCS_i) \vee □\,tryCS_i))$$

4.5　形式化分析流程

运用模型检测技术对安全协议形式化分析,首先需要对协议进行形式化描述,根据协议规则构建各诚实主体和入侵者模型,然后运用 LTL 逻辑刻画协议需要证明的安全性质,最后使用模型检测自动化工具 SPIN 对协议模型进行仿真和验证。

4.5.1　形式化建模

形式化建模是安全协议形式化分析的基础，而形式化描述是安全协议形式化建模的手段，它的发展一直都伴随着形式化分析技术的发展。

（1）形式化描述。

安全协议可以用自然语言和程序设计语言等非形式化方法描述。用自然语言描述可读性好，但描述不准确，有二义性，必须手工完成；用程序设计语言描述协议便于协议的实现，但可读性差，描述安全协议并发性、不确定性和安全目标的能力较差。为了克服安全协议非形式化描述方法以上描述的若干缺陷，必须采用形式化描述方法。

形式化描述语言基于数学模型，克服了非形式化描述的不精确性和二义性；使用程序语言概念，具有形式化的语法和语义，可以描述安全协议的并发性和不确定性；它是进行形式化描述的一种规范，抽象于具体的实现环境，因此可作为标准的描述语言，有利于通过相应的分析工具对协议的安全目标进行自动化分析，也有利于使用自动化工具建立安全协议开发环境。

由于不同的形式化系统都是以方便自身进行分析为目的而采用了不同的形式化语言，这种在协议描述上的不统一使得不同分析系统在进行相互交流时存在严重的障碍，于是人们研究出了一些通用性较强的安全协议的形式化描述语言。1996 年，Yasinsac 提出了一种通用安全协议分析语言 CPAL[14]，此方法解决了协议会话和消息序列的形式化问题。Millen 开发了高级语言 CAPSL[15]（Common Authentication Protocol Specification Language），它运用于安全认证和密钥分配协议，并且可以作为多种形式化分析工具的形式化输入，如 Prolog 状态搜索分析工具、NRL 协议分析器和 FDR。CAPSL 的理念是成为一个单独的通用的协议说明语言，能够成为协议的任意一种形式化分析工具的形式化输入。CAPSL 通用性较强，但只定义了协议自身，对协议所处的环境未给出定义。由 Lowe 开发的 Casper[16]是一个用更为抽象的描述来半自动生成 CSP 描述的程序。它不仅定义了安全协议形式化分析理论与应用研究式化输入，而且还对系统进行检查。

SPANV 是 AVISPA[17]工程推出的安全协议分析工具。该工具提供了基于角色（Role-Based）的描述语言 HLPSL[18]刻画协议、安全属性、信道和攻击者模型，并集成了多个采用不同自动化分析技术的终端工具。该工具目前通过认证性间接描述和分析非否认性，对电子商务协议的描述和分析能力有待改善。

一般的形式化分析工具中包含有对协议进行形式化描述的语法，包括对协议自身的形式化描述和对协议安全属性的形式化描述两部分。例如，著名的

SPIN 形式化分析工具采用 Promela 语言描述,下面的所有建模过程都是基于该语言描述。

(2)形式化建模分析。

安全协议的形式化模型主要是由根据协议规则彼此发送消息的多个诚实主体和代表着所有可能攻击能力的攻击者组成。因为这样的模型是为了描述协议本身可能存在的任何安全漏洞,而不是协议所使用的密码系统中存在安全漏洞,所以可以假设加密系统是完美的。

① 唯一能解密加密消息的是知道正确密钥的主体。

② 加密消息本身不会暴露对其加密的密钥。

③ 在一条消息中有足够的冗余,以至于解密算法可以侦察到一段密文是否采用了预期的密钥加密。

这种假设对于真正的密码系统是不完全正确的,它们表示的是理想密码系统的属性,所以它们对于隔离协议本身的漏洞是有用的,换句话说,这种模型发现的任何漏洞都是真正的协议漏洞,而由于所使用的密码系统本身的缺陷,该模型不能发现其漏洞。

在形式化建模过程中,诚实主体和入侵者都是通过 Promela 进程进行描述,它们通过共享通道进行通信。更确切地说,对每个协议角色定义不同的进程,包括入侵者进程的定义。主体是不能直接进行彼此通信的,入侵者可以截取它们所有的消息,并且最终将消息转发到正确的合法主体,这种方法也被其他学者遵循[19],从而避免走一些弯路。

入侵者可以通过任何我们在真实世界里可以想象到的攻击行为与协议交互,但同时它也能表现得像一个正常的网络使用者,因为这个原因,其他诚实主体可能会发起与入侵者的会话,甚至入侵者可能表现得像一系列彼此合作的恶意用户,也就是说,入侵者有足够强大的能力。

任何时候,入侵者的行为取决于它所获得的知识。在协议发起之前,可以假设入侵者仅仅知道一个给定的数据集,一般包括攻击者本身和它的公钥及私钥,以及其他诚实主体和它们的公钥,也可能包含任何与入侵者共享的其他主体的私钥。

入侵者每拦截一条消息,它就可以增加自己的知识。当然如果拦截的消息本身或者其部分是被加密的,并且入侵者知道其解密密钥,入侵者可以解密该消息,并学到其中的内容。然而,如果入侵者不能解密拦截的消息或者其部分,虽然不能理解该消息,但入侵者可以记住密文消息。因为在建模过程中,感兴趣的是最强大的入侵者,假定它总能从截获的消息中学到尽可能多的信息。

当然,除了截获消息,入侵者还可以伪造并在系统中发送新的消息,这样的消息是入侵者通过使用当前所知的所有知识项构造的。通常假定入侵者可以从当前所获取的知识项中产生新的知识，并能用它们伪造新的消息，这种新知识可以表示成具有显著意义的泛型数据，这样的数据项用来表示入侵者在协议运行过程中从已知的知识项中产生的新信息。需要注意的是，尽管消息可以被入侵者伪造，但该消息也有可能永远不被合法主体接收，这一事实可以用来安全限制入侵者产生的消息，排除诚实主体不能接收的消息。

为了得到有限模型，通常采用的做法是在模型的行为中给予一定的约束。

① 模型只能表示有限数量的并行协议会话。

② 每个主体进行有限次协议会话的运行，每次运行都是通过相应的进程定义对应的不同实例来建模。

③ 在协议运行的过程中创建的随机数，是作为进程的参数来表示，并为每个进程实例分配了不同的值。

建模过程中，另一个可能的无限行为来源于入侵者。事实上，从原则上讲，入侵者可以伪造并发送无限的不同信息。为了构建有限模型，一个典型的解决方案是限制入侵者产生消息的方式，例如，通过消息的复杂度或者限制提取产生数据项的数量。研究表明[20]，这种限制可以通过符号化表示入侵者产生的消息，包含了符号化表示入侵者从获取的消息中产生的数据项。然而，与其研究入侵者不断发送泛型消息的无限行为，不如静态分析入侵者所有可能发表的消息，这是有限的，并且我们使用的符号标识仅仅只对某些可能数据结构的叶子节点展开。

(3) Promela 建模。

安全协议形式化建模一般是采用形式化描述语言，根据协议规则，针对安全协议诚实主体和安全协议攻击者建模，模拟安全协议各角色间进行消息交互、处理的步骤，以及描述安全协议运行的前提假设 Promela 建模可分为以下三个步骤。

① 协议规则描述。

为了在模型中区分协议中不同的标识、密钥、随机数和数据，可以定义一个有限名称集，用不同的名字抽象地表示实体、随机数和入侵者产生的数据项等。接下来，需要在模型中定义通信通道用于协议主体间互相通信，不同通道对应协议中不同的消息结构。当然，每个协议使用有限的不同消息结构，可以通过简单的协议消息匹配而加以区分。需要确认消息总是在入侵者和其中的一个主体之间进行交换，从而指明同入侵者通信的主体名作为通道上的第一个交换数据，但并不单独表示另一个主体的主体名，因为它总是入侵者。随后通道上的数据交换是在消息中出现的消息的数据组件。

② 协议诚实主体角色建模。

在模型构建中，通过定义 Promela 进程为协议中不同的诚实主体角色建模，将会话间或实例间的交换数据定义为进程的参数，在进程中描述协议中的信息交换系列。在定义进程的过程中，必须包括有利于安全属性验证的特殊条件的定义。

③ 协议入侵者建模。

基于 Dolev-Yao 模型对协议的入侵者进行建模，主要从两个方面入手，首先需要对入侵者的知识库进行求解，其次对入侵者行为进行描述。

（a）入侵者知识库构建。

入侵者的知识库主要由两部分组成，除侵者本身拥有的原始知识外，入侵者还会通过截取诚实主体发送的消息，对知识库进行扩充。如截获的消息未经加密，则将其所有知识项直接入库；如该消息经加密或部分加密，则将公开或可解密部分的知识入库，将无法解密的密文整体入库。入侵者知识库构建过程中，需要进行静态分析用于限制入侵者潜在的知识表示，仅需满足实际的最小需要，从而将分析无限系统状态转换为有限的系统状态。为削减无效的系统状态，入侵者知识表示需要遵循以下两点原则：攻击者无法学会知识不用表示；诚实主体拒绝接收的消息（通过类型检查的方式判断）也不用表示。

静态分析过程中，首先定义入侵者初始的知识，其次分析入侵者可以学会的知识，该部分知识都是入侵者通过截获诚实主体发送的消息并对其响应处理所得，故可通过对诚实主体的发送消息语句进行分析，从而获得攻击者可以学会的知识的集合。为了避免表示知识元素的冗余，我们假设入侵者总是记录所学到的数据项到知识库基本表中。例如，如果入侵者截取消息 $\{Na,A\}PK(I)$，它可以解密该消息并学到知识项 Na。如果入侵者截取消息 $\{Na,A\}PK(B)$，该消息不能被解密，因此只能将该整个消息添加到知识库中。

最后分析入侵者需要学会的知识。为了减少入侵者知识元素的表示，可以排除入侵者知识库中从来不需要的那部分知识项，也就是诚实主体不会接收的信息组成知识项。例如，入侵者所学校的知识 $\{Na\}PK(B)$，但协议中的诚实主体永远不需要接收该信息，所以对于入侵者而言知道学到这个知识是没用的，因而不需要在知识库中表示。入侵者需要学会的知识就是诚实主体需要接收的消息的知识项，可通过对诚实主体的接收消息操作进行分析。

（b）入侵者行为描述。

通过以上的静态分析得出入侵者知识库后，接下来采用 Promela 语言对入侵者行为进行描述。入侵者行为描述主要包括三部分内容：攻击者知识表示、入侵者学习知识过程和入侵者发送消息的过程。入侵者通过将学习到的知识项和原来的初始库中的知识项组合成新的消息发送给诚实主体。可以根据诚实主体的接收语句来设计入侵者的发送攻击行为。在行为的描述中，入侵者表现为一个永远不会终止的进程，用尽它所有的时间不断地向协议通道发送或从协议通道接收消息。

4.5.2　协议安全性质刻画

LTL 被运用于刻画协议所需要满足的安全性质，如果协议模型在 SPIN 工具的仿验证程中违反了协议的某个性质，说明协议存在安全漏洞，SPIN 将会给出协议的攻击序列。

4.5.3　形式化验证

在验证之前，需要定义协议实例来建模。Promela 语言中，模型的仿真从初始化进程开始。因为把安全协议看成并发系统，所以需要对每个进程进行初始化。在这一阶段，它也可能通过定义协议实例来建模。每一个发起者实例和响应者实例都通过相应进程实例来表示。初始化进程中，必须包含一个表示入侵者活动的进程实例。

4.6　验证模型优化策略

安全协议模型检测过程中缓解状态爆炸问题采用静态分析、语法重定序以及偏序归约等优化策略，用于安全协议的 Promela 建模，解决安全协议模型检测过程中状态爆炸问题。

4.6.1　静态分析

(1)建模中运用 atomic 及 d_step 机制，使局部计算原子化。

使局部计算原子化能起到状态压缩的作用。Promela 语言中 atomic、d_step 是实现局部计算原子化的两种机制。atomic 使语句组 Proctype P2( ) {t2a;t2b;t2c} 以原子执行序列，在单个迁移步完成，不与其他进程中的语句交叉执行。当 stat1 处于可执行状态时，语句 atomic 是使能的；当 $stati(i>1)$ 处于阻塞时，atomicity token 丢失但其他进程会执行下一步。d_step 与 atomic 作用相似，但比 atomic 效率更高，不会创建和存储中间状态，仅包含有限的确定步，d_step 特别适合在单一迁移步中执行一组中间计算，不允许在 {stat1;stat2;…;statn} 中使用跳转语句；若 $stati(i>1)$ 阻塞，d_step 执行会出错。d_step 和 atomic 不允许嵌套使用。

假设定义两个进程 P1、P2：

Proctype P1( ){t1a;t1b;t1c}

Proctype P2( ){t2a;t2b;t2c}

Init {run P1( );run P2( )}，进程 P1、P2 执行过程如图 4.4 所示。

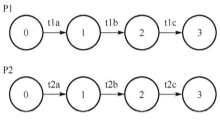

图 4.4 进程 P1、P2 状态迁移

若进程 P1 分别定义为

Proctype P1( ) {t1a;t1b;t1c}

Proctype P1( ) {atomic{t1a;t1b;t1c}}

Proctype P1( ) {d_step{t1a;t1b;t1c}}

执行 Init {run P1( );run P2( )} 时，状态交叉序列分别如图 4.5～图 4.7 所示。执行 no atomic 会保存所有的中间过程和中间状态，执行 atomic 仍然会构建中间状态但仅把进程 P1 作为一个迁移步处理，而执行 d_step 则不会构建中间状态且同样把进程 P1 作为一个迁移步处理。网络安全协议验证模型生成系统建模中利用 atomic 和 d_step 技术可以大大减少搜索的状态数。

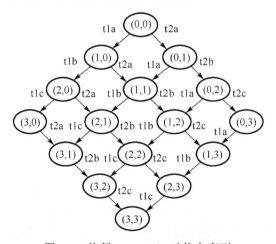

图 4.5 执行 no atomic 时状态序列

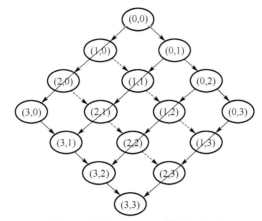

图 4.6　执行 atomic 时状态序列

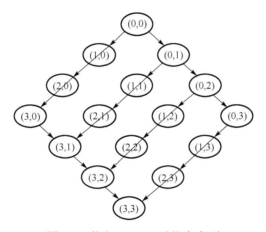

图 4.7　执行 d_step 时状态序列

(2) 缩减随机数变量的取值范围，降低搜索状态数。

可以注意到在对 Needham-Schroeder 公开密钥协议建模过程中，会引入一些变量。如协议语句 recv ($A \leftarrow B$,encrypt (KPUB A;na;NVAR nb))中的变量 nb，对于此语句，由于 A 接收 B 发送来的消息，对于 A 本身而言，它能断定 na 与 KPUB(A)是否为自己所产生的随机数和自己的公钥，但对于 nb 来说，A 就不能确定它是否为 B 发送的随机数，因为网络中存在着不安全因素攻击者，nb 的取值可能将会是网络通信中的任何一个主体名或随机数，因此 nb 的取值范围是 {A,B,I,Na,Nb,gD}，其中 I 代表着攻击者，gD 代表着攻击者所产生的随机数。在对协议攻击者能力建模分析时，nb 的这六种可能的取值都要代入到协议语句中去，作为攻击者发送消息的知识集合。如果一条协议描述语句拥有两到三个变量，根据组合数学原理，攻击者所产生的建模语句将有 6×6×6=216 条，找到协议存在的漏洞将会花费更高的代价。

　　攻击者的建模知识集如此庞大，是否存在一些冗余的知识项，如果能去掉一些冗余项，那么将会缩小系统搜索的状态数，从而降低复杂度。

　　作为网络中的合法主体所产生的随机数具有一定的秘密性，它是由合法主体产生，并用来核实网络会话中的响应主体的身份。此随机数对于攻击者假定不能猜到，这是分析认证协议的前提假设。可以把随机数变量的取值范围中主体名剔除，因为网络会话中的主体名包含在攻击者最初已知的知识集中。缩减随机数变量的取值范围的优化策略，即把上述变量 nb 的取值范围缩减到{Na,Nb,gD}，实验结果表明，这样会大大减少系统搜索的状态数[21,22]。网络安全协议验证模型生成系统对 Needham-Schroeder 公开密钥协议、TMN 协议和 BAN-Yahalom 协议进行分析时，采用缩减随机数变量取值范围的实验结果如表 4.1 所示。

表 4.1　安全协议采用缩减随机数变量的取值范围的实验结果

协议	无缩减		有缩减	
	状态数	迁移数	状态数	迁移数
Needham-Schroeder 公开密钥协议	157	333	42	77
TMN 协议	5579	118697	569	5131
BAN-Yahalom 协议	6016	13299	1434	2988

　　注：表 4.1 中数据是由 CPU 为 Intel Core Duo T2250 (1.73G, 533MHz FSB)、内存为 512MB 配置的计算机，在操作系统平台 RedHat Fedore Core6 上，执行所开发的协议验证模型生成系统得到的实验结果(调用 SPIN5.13，下同)。

　　(3)举例。

　　在对 Needham-Schroeder 公开密钥协议分析过程中，攻击者建模的过程主要是利用其可获得消息集合 Set1 和需要发送消息集合 Set2 这两个集合的交集，得出攻击者最有价值的消息。

　　集合 Set1：攻击者截获的消息集合(即在通信过程中所有的发送消息的集合)，图 4.8 给出了 Needham-Schroeder 公开密钥协议的集合 Set1 产生过程。

　　集合 Set2：攻击者必须知道的消息集合(即在通信过程中所有的接收消息的集合)，图 4.9 给出了 Needham-Schroeder 公开密钥协议的集合 Set2 产生过程。

　　集合 Set1 与集合 Set2 的交集是攻击者在这次协议会话中真正有用且可以获得的消息，如图 4.10 所示。对 Needham-Schroeder 公开密钥协议的攻击者进程按上述分析可得出交集为：Na、Nb、{Na,Nb}PK(A)、{Na,A}PK(B)以及{Nb}PK(B)。

　　以进程 Pres( )中的接收语句 ca ? eval (self), g2, g3, eval (self)为例，分析攻击者所有要发送的消息(即合法的通信主体在协议会话中需要收到的消息)，其中 g2 和 g3 的取值范围分别为{A,B,I,Na,Nb,gD}和{A,B,I}，因此有 18 种组合方式，如图 4.11 所示。

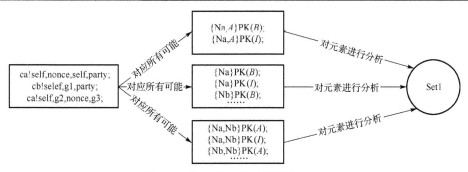

图 4.8　攻击者截获的消息集 Set1

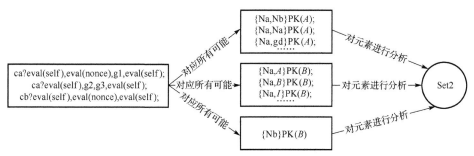

图 4.9　攻击者需要发送的消息集 Set2

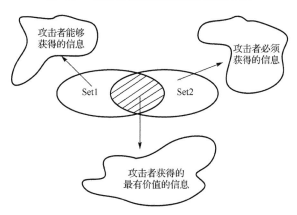

图 4.10　攻击者获得的消息交集

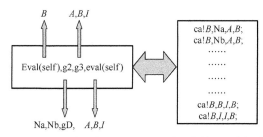

图 4.11　ca？eval(self)，g2，g3，eval(self)的 18 种组合方式

4.6.2　语法重定序

本小节对协议形式化分析的过程中，采用了语法重定序(Syntactic Reordering)[23,24] 技术，其主要是在分析攻击者建模过程中采用的一种优化策略。攻击者建模过程不仅关系到整个协议形式化分析的成败，也关系到协议分析的效率。攻击者进程的分析涉及整个发起者进程、响应者进程甚至服务器进程，着重分析会话过程中的每个变量、会话行为以及知识集的变化等。所有中间消息都必须由攻击者来进行转发，攻击者也可以作为整个会话过程中的合法主体，可以存取所获得或自身创造的消息，可以根据存储的消息伪造消息并发送该消息等。语法重定序技术就是对攻击者建模时，攻击者最终所需要的消息和最终可获得的消息之间是否存在顺序问题。经过实践证明，确实存在着一定的顺序问题，如果改变攻击者进程中发送消息和接收消息部分的顺序，系统性能会有所不同。语法重定序技术指导入侵者建模的两条原则如下。

(1)对于攻击者进程中发送消息和接收消息，如果按照发起者进程和响应者进程中的相应顺序进行建模，系统性能相对最优。

(2)当系统的下一个行为可能是 Send 也可能是 Recv 时，我们给 Send 行为更高的优先级，因为先执行 Send 行为，攻击者将拥有更多的知识，对协议攻击的可能性比先执行 Recv 行为要大。

4.6.3　偏序归约

偏序归约(Partial Order Reduction)是基于并发异步模型交替执行导致的状态爆炸而提出的一种重要技术。例如，有些动作的先后次序并不重要，但次序的组合却引起状态爆炸。偏序归约基于偏序(满足自反、反对称和传递关系)计算模型。

下面讨论偏序归约理论是如何被简化运用分析协议模型，同时如何推广此理论处理知识概念。重点阐述在形式化分析方法中如何实现偏序归约思想，具体实现方法类似 Marrero 等的工作[25,26]。

在运用模型检测方法分析安全协议时，偏序归约思想是通过修改图 4.12 的深度优先搜索 DFS 算法来实现的，算法 DFS(S,φ)判断系统在状态 S 是否满足性质 φ。具体是通过修改函数 expand( ) 定义，使得不需对某一状态扩展其所有使能动作。修改后的函数 expand( ) 在图 4.13 中给出，在算法中，若动作 α 在状态 S 是使能的，则 $\alpha(S)$ 是在状态 S 执行动作 α 后的状态。函数 enabled( ) 存放在状态 S 使能的动作集。

(1)如果是没有出现在规约中的使能内部动作，则只用"第一条"动作进行扩展("第一条"的含义是执行了第一条相应的动作后，算法中断 foreach-do 循环执行，实际上，在对协议建模时，当有多条消息与消息模板相匹配时，动作本身没有执行次序之分)。

（2）否则，如果是使能的发送动作，则只用"第一条"发送动作进行扩展。

（3）否则，扩展所有使能动作，生成所有可能后继状态。

$$\text{proc } DFS(S, \varphi)$$

$$push(S, s)$$

$$\text{while (not empty}(S)) \text{ do}$$

$$s_{cur} = pop(S)$$

$$\text{if } sat(s_{cur}, \varphi)$$

$$\text{then } L = expand()s_{cur}$$

$$\text{foreach } s_{next} \ L \text{ do}$$

$$push(S, s_{next})$$

$$\text{od}$$

$$\text{else } counter - example(s_{cur}, \phi)$$

$$\text{fi}$$

$$\text{od}$$

图 4.12　模型检测 DFS 搜索算法

$$\text{FUNCT } expand(S, \varphi)$$

$$\text{foreach } \alpha \ enabled(s) \text{ do}$$

$$\text{if}(\alpha = internal) \wedge (\neg occurs(\alpha, \phi))$$

$$\text{then return}\{\alpha(s)\}$$

$$\text{fi}$$

$$\text{od}$$

$$\text{foreach } \alpha \ enabled(s)\text{do}$$

$$\text{if } \alpha = send$$

$$\text{then return}\{\alpha(s)\}$$

$$\text{fi}$$

$$\text{od}$$

$$ample = \{\}$$

$$\text{foreach } \alpha \ enabled(s)\text{do}$$

$$ample = ample\{\alpha(s)\}$$

$$\text{od}$$

$$\text{return ample}$$

图 4.13　偏序归约中的 expand（）函数

在接下来的讨论中，我们约定：在状态 α 使能的动作集记为 $\mathrm{en}(\sigma)$，使动作 σ 使能的状态集记为 $\mathrm{en}(\sigma)$，在状态 σ 执行动作后的状态记为 $\alpha(\sigma)$。

定义 4.13 不可见动作 (Invisible Actions)。

动作 α 不可见 (Invisible)，与原子命题的子集 $\mathrm{AP}' \subseteq \mathrm{AP}$ 有关，对每个状态对 $s, s' \in S$，使得 $s' = \alpha(s)$，$L(s) \cap \mathrm{AP}' = L(s') \cap \mathrm{AP}'$。

定义 4.14 动作对 α、β 是相互独立的 (Independent)，若以下条件成立：

①对于任意状态 $\sigma \in \mathrm{en}_\alpha, \beta \in \mathrm{en}(\sigma)$，蕴含 $\beta \in \mathrm{en}(\alpha(\sigma))$。

②对于任意状态 $\sigma \in \mathrm{en}_\alpha \cap \mathrm{en}_\beta$，有 $\alpha(\beta(\sigma)) = \beta(\alpha(\sigma))$。

独立动作执行的顺序并不影响系统的行为。偏序归约技术依赖利用这些独立动作以便能避免列举所有可能的交叉执行情况，因为动作执行的顺序不是非常重要，所以可以任意选择其一顺序。

为了避免一开始就构造整个状态空间，对于某一特定状态，偏序归约不能扩展所有后续状态。找出一个需要扩展的最优状态集是 NP 难问题，在计算动作集时可以采用不同的启发式策略。Peled 使用了充裕集 (Ample Set)，而 Wolper 和 Godefroid 引入了稳固集 (Persistent Set)，Valmari 采用了顽固集 (Stubborn Set)。尽管实现细节不同，但主要思想却是相同的：对应任意状态，只扩展其所有动作的一个子集。

使用独立动作的定义，现在考虑在形式化建模中哪些动作是独立的，哪些动作是依赖的。任何动作都依赖于它自己；在一个实例中对应同一个读 (Read) 模板的两个实例化的接收 (Recv) 动作是依赖的；其他所有的动作是独立的。

接下来我们对模型中的状态定义充裕集。

定义 4.15 一个在状态 σ 使能的动作集 A 称为一个充裕集，用 $\mathrm{ample}(\sigma) = \{\}$ 表示，当它满足以下四个条件：

C0 如果 $\mathrm{ample}(\sigma) = \{\}$，那么 $\mathrm{en}(\sigma) = \{\}$；

C1 对于从状态 σ 开始，由动作 $\alpha_i \notin \mathrm{ample}(\sigma)$ 组成的任意迹：

$$\sigma = \sigma_0 \xrightarrow{\alpha_1} \sigma_1 \xrightarrow{\alpha_2} \sigma_2 \xrightarrow{\alpha_3} \cdots \xrightarrow{\alpha_n} \sigma_n$$

动作 α_i 与 $\mathrm{ample}(\sigma)$ 中的所有动作是相互独立的。

C2 如果 $\mathrm{en}(\sigma)$ 包含了不可见或半可见动作，那么 $\mathrm{ample}(\sigma)$ 包含单个不可见或半不可见动作；

C3 如果 $\mathrm{en}(\sigma)$ 没有包含不可见或半不可见动作，那么 $\mathrm{ample}(\sigma) = \mathrm{en}(\sigma)$。

引理 4.1 只对充裕集中满足定义 4.15 中条件的动作进行扩充的深度优先搜索算法是"安全的"，即对任一没有考虑迹 π，存在被考虑的迹 π'，使得 $\pi \Rightarrow^* \pi'$。

"$\Rightarrow$"的自反传递闭包用"$\Rightarrow^*$"表示，$\pi \Rightarrow^* \pi'$ 等价于

$$\pi' \models \varphi \Rightarrow \pi \models \varphi \text{ 且 } \pi \nvDash \varphi \Rightarrow \pi' \nvDash \varphi$$

图 4.12、图 4.13 给出的模型检测 DFS 搜索算法保证了条件 C0 ~ C3。

证明：C0 此条件显然成立，这是由于 ample(s) 要么包含一个动作，要么等价于 en(σ)。所以，如果 ample(s) = {}，则 en(σ) = {}。

C1 这个条件要求对任意迹：

$$\sigma = \sigma_0 \xrightarrow{\alpha_1} \sigma_1 \xrightarrow{\alpha_2} \sigma_2 \xrightarrow{\alpha_3} \cdots \xrightarrow{\alpha_n} \sigma_n$$

从状态 σ 开始，由动作 $\alpha_i \notin$ ample(σ) 组成，动作 α_i 与 ample(σ) 中的所有动作是相互独立的，对 en(σ) 是否包含不可见或半不可见动作，有以下两种情况。

情况 1：en(σ) 包含一个不可见或半不可见动作，在这种情况下，对某个不可见或半不可见动作 β，有 ample(σ) = {β}。不可见动作是内部动作，而半不可见动作是发送动作。前面讨论过，内部动作与它本身以外的动作都是相互独立的。也就是说内部动作使能它本身以外的动作。如果 β 是一个发送动作，也是同样的道理，发送动作使能它本身以外的动作。因此，β 与其他所有的动作都是相互独立的。如果 ample(σ) = {β}，则 ample(σ) 与所有的动作 α_i 是独立的。

情况 2：en(σ) 没有包含不可见或半不可见动作，在这种情况下，算法置 ample(σ) 为 en(σ) 的全集，ample(σ) 满足条件 C1，即不存在动作 α_1，使得 $\alpha_1 \in$ en(σ) 且 $\alpha_1 \notin$ ample(σ)。

C2 这个条件是次要的，因为算法首先要找到一个使能的不可见或半不可见动作，然后对它进行扩展。

C3 这个条件也是次要的，如果在状态中不存在使能的不可见或半不可见动作，那么需对状态开始的所有动作进行扩展。

为了降低模型检测复杂性，在对网络安全协议验证建模时，运用了多项优化策略，包括偏序归约、静态分析以及语法重定序等，具体通过对 Needham-Schroeder 公开密钥协议、TMN 协议、BAN-Yahalom 协议和 Helsinki 协议等实例进行分析，成功地在网络安全协议验证模型生成系统中找出了针对 Needham-Schroeder 公开密钥协议、TMN 协议、BAN-Yahalom 协议的攻击漏洞，也成功地发现了针对 Helsinki 协议的 Horng-Hsu 攻击漏洞，实验结果表明运用优化策略的有效性与效率。

4.6.4　优化策略对比

分别以 Needham-Schroeder 公开密钥协议、TMN 协议和 BAN-Yahalom 协议为例，在协议验证模型生成系统中，运用不同的优化策略，实验分析结果如表 4.2 ~ 表 4.4 所示。

表 4.2　Needham-Schroeder 公开密钥协议实验分析结果

Needham-Schroeder 公开密钥协议	状态数	迁移数	内存峰值/MB
改进 0	133	236	2.195
改进 1	42	77	2.195
改进 2	28	41	2.195

　　注：改进 0 表示生成系统在运用偏序归约技术对安全协议分析时，只采用语法重定序优化策略，改进 1 表示采用类型检查优化策略，改进 2 表示既采用语法重定序又采用类型检查优化策略。

表 4.3　TMN 协议实验分析结果

TMN 协议	状态数	迁移数	内存峰值/MB
改进 0	5566	118625	2.781
改进 1	569	5131	2.195
改进 2	567	5127	2.195

表 4.4　BAN-Yahalom 协议实验分析结果

BAN-Yahalom 协议	状态数	迁移数	内存峰值/MB
改进 0	6019	13304	3.465
改进 1	1434	2988	2.391
改进 2	1390	2894	2.391

　　通过表中的数据对比，表明采用语法重定序及类型检查优化策略分析查找漏洞时，可以大大减少搜索的状态数以及状态之间的迁移数，实际生成系统对较为复杂的协议分析时，如 TMN 协议和 BAN-Yahalom 协议，内存峰值也有明显下降，从而大大提高了网络安全协议分析效率，有效地解决了安全协议模型检测中状态爆炸问题。

4.7　与其他方法对比

　　安全协议形式化分析的发展极为迅速，目前已成为网络安全研究领域内一个极为重要、颇具理论深度的前沿问题。研究人员已经尝试采用不同的形式化方法分析安全协议，包括定理证明、非自动化推理、模型检测、规则重写系统等。

　　总体来说，基于状态搜索技术(模型检测属于这一类)的验证工具具有自动化程度高这一显著特点，另外，当安全协议不满足其安全性质时，能生成一个反例(Counterexample)用以说明攻击漏洞。当然，相比于基于定理证明的方法，其主要缺点是必须把从一个已知消息集推导出新消息的入侵者建模进程显式地在安全协议建模中完成，即入侵者能力必须事先假设好，而在基于定理证明的方法中，入侵者用于推导新消息的规则仅是逻辑系统中的附加规则，而且，由于"状态爆炸"问题，基于状态搜索技术的验证方法在分析一些多主体实例安全协议时存在困难，状态空间会随着主体个数增加而呈现指数级增长。

下面的讨论中，除了第一种方法以外，其余方法都基于相同的入侵者模型进行分析，该入侵者模型最初由 Dolev 和 Yao 提出的[1]，但是这些方法在协议形式化描述、规约需求、入侵者建模以及采用的分析验证工具等方面都有所不同。

4.7.1　与认证逻辑对比

在安全协议的形式化推理领域，初期最成功的尝试就是试图开发一种新的逻辑能够表达安全性质并进行推理。最早由 Burrows、Abadi 和 Needham 提出的认证逻辑就属于这种逻辑[27]，通常称为 BAN 逻辑。

BAN 逻辑的提出，为认证协议的形式化分析提供了一种有效工具。BAN 逻辑强调在抽象的层次上讨论认证协议的安全性，因此它并不考虑由协议的具体实现所带来的安全缺陷和由加密体制的缺点所引发的协议缺陷。总的来说，BAN 逻辑系统所做的假设如下。

(1)密文块不能被篡改，也不能用几个小的密文块组成一个新的大密文块。

(2)一个消息中的两个密文块被看作是分两次分别到达的。

(3)总假设加密系统是完善的，即只有掌握密钥的主体才能理解密文消息，因为不知道密钥的主体不能解密密文而得到明文，攻击者无法从密文推断出密钥。

(4)密文含有足够的冗余信息，使解密者可以判断他是否应用了正确的密钥。

(5)消息中含有足够的冗余信息，使主体可以判断该消息是否来源于自身。

(6)假设参与协议的主体是诚实的。

BAN 逻辑形式化分析工具的目的是解答：认证协议是否正确；认证协议的目标是否达到；认证协议的初设是否合适；认证协议是否存在冗余。BAN 逻辑的具体推理步骤如下。

(1)用逻辑语言对系统的初始状态进行描述，建立初始假设集合。

(2)建立理想化协议模型，将协议的实际消息转换成 BAN 逻辑所能识别的公式。

(3)对协议进行解释，将形如 $P \rightarrow Q:X$ 的消息转换成形如 $Q \triangleleft X$ 的逻辑语言。解释过程中遵循如下规则。

① 若命题 X 在消息 $P \rightarrow Q:Y$ 前成立，则在其后 X 和 $Q \triangleleft X$ 都成立。

② 若根据推理规则可以由命题 X 推导出命题 Y，则命题 X 成立时，命题 Y 也成立。

(4)应用推理规则对协议进行形式化分析，推导出分析结果。

以上步骤可能会重复进行，例如，通过分析增加新的初设、改进理想化协议等。

这套形式化理论在发现很多协议中的隐式假设方面很成功。它的成功引发了与 BAN 逻辑相关的其他工作的开展。事实上，在 BAN 逻辑自动化分析领域已经有了一些尝试[28,29]。另外，还有人试图给该逻辑增加责任性（Accountability）的概念来使之得到扩展[30]。BAN 是一种基于信念的模态逻辑，在 BAN 逻辑的推理过程中，参加协议的主体的信念随消息交换而不断变化和发展。应用 BAN 逻辑时，首先需要进行"理想化步骤"，将协议的消息转换为 BAN 逻辑中的公式，再根据具体情况进行合理的假设，由逻辑的推理规则根据理想化协议和假设进行推理，推断协议能否完成预期的目标。BAN 逻辑由于简单和实用，受到广泛关注。同时，BAN 逻辑的简单性也带来了它的局限性，因此陆续出现了各种不同类型的对 BAN 逻辑的增强与推广，其中最为著名的是 GNY 逻辑[31]、AT 逻辑[32]和 SVO 逻辑[33]，习惯上统称为 BAN 类逻辑。

人们针对在使用这套理论分析协议时需要进行协议"理想化步骤"提出了批评。协议通常是以消息序列的形式描述，使用 BAN 逻辑时，必须把协议里的每一个消息转换成相应公式，以便使用该逻辑来推理协议。例如，服务器发送一条包含密钥 Kab 的消息，这一步必须转换成：当服务器发送一条包含（$A \xleftarrow{Kab} B$）的消息，意味着 Kab 是一个 A 与 B 通信的良好密钥。这个简单例子非常直观，然而一般情况下，理想化步骤需要事先给协议中出现的消息指定一个含义，这样会导致将非形式化步骤引入到协议分析中。大概在弥补这个缺陷上最成功的尝试要属 Kindred 和 Wing 的研究[34,35]。

对这类分析进行批评的第二方面是：所有的主体都假定是诚实而非恶意的，这样就把恶意攻击者排除在外。也就是说，一方试图坚持不同的协议参与者对密钥和秘密的认知是不同的，但是他不能够查出一个恶意的入侵者是如何试图通过修改信息和发送令人误导的消息来暗中破坏协议。基于这个原因，很多研究者着眼于在允许恶意入侵者存在的框架下分析安全协议。事实上，甚至已经有人做了把 Revere（Kindred 开发的基于 BAN 逻辑的定理产生器）和模型检测工具 BRUTUS 结合的尝试[36]。

总之，简单直接的 BAN 类逻辑分析方法，不但是分析认证协议的重要工具，而且是指导认证协议设计的理论基础。但是，现有的 BAN 类逻辑分析方法还远远不够完善，它们都只能发现认证协议的缺点，而不能保证经过分析没有问题的认证协议一定是安全的、不存在攻击的。所以，现有的 BAN 类逻辑方法还有待进一步的研究与改进。

我们运用基于算法知识逻辑的网络安全协议模型检测分析方法，显式地对入侵者能力进行建模。这种方法有很明显的优点，知识逻辑已显示出其基于迹执行协议分析的强大优势，能直接赋予执行协议语义，从而避免出现类似于 BAN 逻辑协议分析过于理想化等问题，同时可把概率性(Probabilities)概念引入知识逻辑中，从而可处理概率性事件。注意，在我们形式化分析中，同时用到传统知识和算法知识，传统知识对主体信念(在协议中能发生的)进行建模，算法知识对入侵者计算能力强度进行建模(例如，假设计算能力中不能对 RSA 中的大数进行因子分解)。入侵者假定使用算法来计算其知识，入侵者的能力也通过对其所使用的算法做适当的限制来获得。

4.7.2　与 FDR 对比

在下面介绍的形式化分析工具中，研究者对于协议是如何执行的都有一个具体的操作模型。这个操作模型不仅描述了诚实主体是如何执行协议的(其在协议中的行为)，还描述了入侵者是如何妨碍协议执行的，入侵者模型从 Dolev 和 Yao 的理论演化而来。即在认为加解密是完善的基础上，永远不要低估攻击者的知识与能力，应考虑入侵者妨碍协议执行的最大程度。这个模型通常允许入侵者窃听、拦截网络传递的所有消息，误导消息和发送伪造消息。通过使用已知密钥加解密消息，以及级联和分解窃听到的消息，入侵者能够发送所能生成的任何消息，而且入侵者还被允许参与协议执行。换句话说，入侵者能够试图发起同诚实主体的会话，诚实主体也可以发起同入侵者的会话。

当然，入侵者的行为在不同形式化分析工具上的具体建模是不同的，下面介绍的所有形式化分析工具都具体考虑了上述关于入侵者行为。

Lowe 采用 FDR 来分析密码协议的 CSP 模型[37]。CSP 的语法类似于自然语言，适合于对协议会话内在的异步成分的通信进行建模。协议主体通过选择等待或发送(响应)消息来执行用 CSP 语法建模的协议进程，每个主体的协议进程通过通道来通信。通道也被用来描述入侵者干扰破坏协议通信的能力。例如，通道 intercept 描述入侵者拦截发送给合法用户的消息；通道 fake 描述入侵者假冒诚实主体给另外的诚实主体发送消息，并使该主体相信这消息来自于一个诚实主体，然而实际上该消息来自于入侵者。通道同样用来记录协议中重要事件的迹。例如，事件 I_commit.a.b 表示发起者 a 通过通道 I_commit 提交与响应者 b 的会话。

在 Needham-Schroeder 协议中发起者的 CSP 描述如图 4.14 所示。这个发起者的 CSP 模型使用发起者的标识符 a 和发起者会话中使用的临时值 Na 作为参数，该模型与原协议的抽象描述十分接近，发起者进程等待用户的请求，接到请求后通过发送消息 1 来发起协议，当它接收到消息 2 时，检查消息 2 的临时值是否与消息 1 中的临时值相同。如果相同就发送消息 3 并提交协议会话，继续协议的执行，否则就终止协议。为了对入侵者拦截和伪造消息建模，一个重命名机制被引入该进程，这样出现在通道 comm 中的动作也可以出现在通道 intercept 或通道 fake 中。

$$
\begin{aligned}
\text{INITIATOR}(a, n_a) \equiv\ & \text{user}.a\,?\,b \rightarrow \text{I\_running}.a.b \rightarrow \\
& \text{comm}!\text{Msg1}.a.b.\text{Encrypt.key}(b).n_a.a \rightarrow \\
& \text{comm.Msg2}.a.b.\text{Encrypt.key}(a)\,?\,n'_a.n_b \rightarrow \\
& \text{if } n_a = n'_a \\
& \quad \text{then comm}!\text{Msg3}.a.b.\text{Encrypt.key}(b).n_b \rightarrow \\
& \qquad \text{I\_commit}.a.b \rightarrow \text{session}.a.b \rightarrow \text{Skip} \\
& \quad \text{else Stop}
\end{aligned}
$$

图 4.14　FDR 进程 INITIATOR 实例

原先用户还须提供一个入侵者行为的 CSP 描述，但随着 Casper 工具的开发，入侵者的建模变得自动化了。入侵者可以被看成是 n 个进程的并行组合。

窃听到由主体 a 发送的一条消息，主体 a 拥有此消息，则入侵者与主体 a 保持同步；

发送一条消息给主体 a，主体 a 拥有此消息，则入侵者与主体 a 保持同步；

当从某些进程所拥有的知识中能推导出这些进程是表示入侵者这一事实时，入侵者与这些进程同步；

入侵者与表示它的某进程同步，若此操作有助于推导其他进程表示的消息；

入侵者能生成事件 leak，表示入侵者已获取的知识。

Casper 同样能够用于构建验证过程的规约进程，FDR 检查包含入侵者进程的并行协议进程是否是该规约进程的一个精化（Refinement）。用于刻画协议保密性的规约进程可简单地用 CSP 中的进程 RUN($\Sigma - L$)表示，其中 Σ 是所有可能事件集，L 表示入侵者知道某个秘密有关的泄露事件集，进程 RUN(S)执行事件集 S 中的任意序列。因此保密性规约表示为这样的一个进程：该进程能够执行事件集中的任意序列，但不包括事件 leak。

用于刻画协议认证性的规约进程 AS 定义为

$$
\begin{aligned}
\text{AS}_0 &\equiv \text{R\_running}.A.B \rightarrow \text{I\_commit}.A.B \rightarrow \text{AS}_0 \\
A &\equiv \{\text{R\_running}.A.B, \text{I\_commit}.A.B\} \\
\text{AS} &\equiv \text{AS}_0 \parallel \text{RUN}(\Sigma - A)
\end{aligned}
$$

直观上讲，规约 AS 是一个能够以任意次序执行所有事件的进程，但不包括由事件 R_running.$A.B$ 和事件 I_commit.$A.B$ 交替执行且以事件 R_running.$A.B$ 开始执行的事件序列，也就是说在任意时间发起者提交一个协议会话，必然有一个响应者已先响应了发起者的请求。Woo 和 Lam 提出了一个类似的称作对应性（Correspondence）的模型，该对应性模型的要求并不像 Lowe 的模型那样严格，因为在该模型中，响应者响应发起者的请求和发起者提交一个协议会话并不要求严格的交互。目前大部分研究者使用的操作模型，包括我们所采用的形式化分析方法，与 Woo 和 Lam 的理论是相似的，每个协议参与者的进程同样采用 CSP 模型描述。每个诚实的主体进程由一个事件序列构成，该事件序列定义了它在协议中的角色，另外，每个主体（包含入侵者）拥有自己的最初知识集，通过运用在该集合上的算法知识逻辑，实际上表示的是一个无穷事实集，这对于入侵者模型的能力刻画非常重要，因为用户不需要通过人为限制入侵者所能获取的知识来建立一个入侵者的有限状态模型。

（1）因为分别使用已存在的模型检测器 FDR 和 SPIN，所以二者都能很快地获得分析验证结果，对输入和规约语言也熟悉。

（2）我们所提出的 ProDL 语言与 Casper 相似，不仅定义协议的操作，还定义要检测的系统，在 ProDL 中，用 LTL 刻画安全协议所需满足的认证性质，SPIN 中已提供自动将 LTL 转换为 Promela 代码的机制，有利于验证模型 Promela 自动化生成。

（3）我们所开发的网络安全协议验证模型生成系统能将安全协议的 ProDL 描述自动转换为对应协议的验证模型 Promela，并运用包括偏序归约、语法重定序以及静态分析等多个优化策略，解决模型检测中状态爆炸问题。

（4）在网络安全协议验证模型生成系统中，运用算法知识逻辑刻画入侵者能力，我们能隐式地表示消息的一个无穷集，这对于入侵者建模尤为重要，不会受限于人工对入侵者能学到的消息，以获得一个入侵者有限消息集。

4.7.3　与 Murφ 对比

Mitchell 等基于模型检测工具 Murφ，采用通用状态枚举法来分析密码协议[38,39]。在 Murφ 中，系统状态由一个全局状态变量集的值决定，包括用于模型通信的共享变量。例如，每个主体有一个变量用于描述其所处状态，同时有另一个变量记录与其通信的另一主体名，另外还有一个变量集用来记录发送到网络的消息，消息类型也用一个变量记录，消息的域用不同的变量分别记录。Murφ 同样采用迁移规则，用于描述诚实主体的状态迁移，以及新消息是如何添加到网络中的。

例如，在 Needhan-Schroader 协议中，描述发起者发送消息 3 来响应消息 2

的规则结构如图 4.15 所示，根据规则：发起者 i 等待消息 2 时，网络中正好存在一个消息 j 且消息 j 的接收者是 i，如果 j 就是消息 2 且用 i 的公开密钥加密并包含 i 的临时值，消息 j 从网络中移走，且消息 3 被创建并加入到网络之中，然后 i 就进入 COMMIT 状态。协议中的其他消息也采用类似的规则描述。Mitchell 等提到，用于描述入侵者行为的规则必须同时被创建，这些规则并未在相关文献中提及，同时作者也承认，对入侵者形式化建模相当复杂。我们可以推测，这些规则应该能够描述入侵者如何拦截消息，修改和伪造消息并发送这些消息，但这些规则必然是描述有限状态的，它不能描述入侵者无限的行为，特别是该规则只能跟踪入侵者所能学到的有限的消息，所以此入侵者模型只适合对某些特定的协议进行分析。

```
foreach i ∈ 1..num_initiators
foreach j ∈ 1..network_size
   if (init[i].state = WAITING_FOR_MESSAGE_2 ∧ net[j].destination = i)
     then
         remove j from the network
         if (net[j].key = i ∧ net[j].type = MESSAGE_2 ∧ net[j].nonce1=i)
           then
               set the fields of outgoing message out
               add out to the network
               init[i].state := COMMIT
         fi
   fi
```

图 4.15　Murφ 进程建模实例

Murφ 通过建立在系统全局可达状态中的不变式（Invariant），刻画协议的规约。Murφ 采用的认证性质刻画方法与 Woo 和 Lam 模型[40]类似，如果发起者 i 提交与响应者 r 的协议会话，则 r 必须至少已经开始响应 i，Murφ 关于该性质的规约如图 4.16 所示，对所有的响应者，验证过程包括一个类似的不变式。Mitchell 等没有给出关于协议保密性的规约，原因在于采用这种验证方法必须对所有主体的每个知识或消息保持跟踪，这是相当棘手的一件事情，有可能导致重新对协议模型进行扩展。

$$\forall i \in 1..\text{num\_initiators}$$
$$(\text{init}[i].\text{state} = \text{COMMIT} \ \land \ \text{ini}[i].\text{responder} \in \text{Responders}) \rightarrow$$
$$(\text{resp}[\text{init}[i].\text{responder}].\text{initiator}=i \ \land \ \text{responder}].\text{state} \neq \text{INITIAL})$$

图 4.16　Murφ 规约实例

我们所做的工作与 Murφ 的对比，类似于与 FDR 的对比，这里不再重述。

4.7.4　与 NRL 协议分析器对比

Meadows 开发了一个专门用于密码协议分析的验证工具：NRL 协议分析器[41]。与其他的模型检测器类似，NRL 中每个主体拥有自己的局部状态，整个系统的全局状态由每个主体的局部状态以及描述协议运行环境或入侵者的状态信息组合而成。每个主体的状态由一个已知事实集（lfact）表示，该事实集由如下公式表示（可看成一个包含四个参数的函数）。

$$\text{lfact}(p, r, n, t) = v$$

其中，p 表示知道该事实的主体名；r 表示协议运行（一次运行或会话标识符）；n 表示事实（信息）名；t 表示由参与者计数器记录的实时（当地）时间；v 表示函数值。例如，lfact(user(A), N, init_conv, T) = [user(B)] 表示事实：主体 A 在时间 T 发起与主体 B 第 N 回合的会话。如果 A 尚未发起与 B 的会话，则该函数值为 [ ]（空）。

lfact 函数值通过使用描述协议行为的迁移规则来计算，如根据激活（Fired）规则，主体 A 在协议第 N 次运行中执行动作 C，假定 lfact(A, B, C, X) = Y。如果会话发生在时间 X，设置 A 的计数器为 $s(X)$，如果规则改变 lfact 的值为 Z，则有 lfact($A, B, C, s(X)$) = Z，否则 lfact($A, B, C, s(X)$) = Y。

每个迁移规则都对主体参与协议的某些行为进行编码，实际规则的执行通过一个 event 集来记录，event 集拥有和 lfact 相同的结构，也包含有四个参数，第一个参数表示该事件的参与者，第二个参数表示协议会话，第三个参数代表事件，第四个参数记录当该规则被激活时主体的时间。和 lfact 一样，事件 event 的值就是与该事件相关的表值。

图 4.17 所示的例子中，第一条规则检查发起者是否已经发送消息 1 但还未收到消息 2，若成立，则发起者接收入侵者已知消息 Z，并且记录信息 Z，比较函数 lfact（其中参数 3 为 init_gotnonce）是否具有消息 2 的正确格式，函数 id_check 检查该消息的格式。该规则激活时，事件表示如下。

$$\text{event}(\text{user}(A, \text{honest}), N, \text{init\_decrypt}, s(M)) = [\text{user}(B, W), X, Y, Z]$$

此事件记录了事实：作为发起者的诚实主体 A 在时间 $s(M)$ 和第 N 回合解密消息 2，该事件的值有四个部分组成，响应者的标识 user(B, W)、发起者的临时值 X、响应者的临时值 Y、被解密的密文消息 Z。

第二条规则检查 lfact 并判断它是否为空，如果非空且通过函数 id_check 计算出其值为 OK（true），则产生消息 3。此事件记录信息：主体 A 在第 N 次会话和时间 $s(M)$ 作为发起者，回应响应者 B，响应者 B 的临时值为 Y。

规则1

If

　count(user(A, honest)) = [M],

　intyruderknows(Z),

　lfact(user(A, honest), N, init_nonce, M) = [user(B, W), X].

　lfact(user(A, honest), N, init_gotnonce, M) = [],

then

　count(user(A, honest)) = [$s(M)$],

　lfact(user(A, honest), N, init_gotnonce, $s(M)$) = [user(B, W), Y,

　　id _ check(pke(privkey(user(A, honest)), Z), (X, Y))],

EVENT

event(user(A, honest), N, init_decrypt, $s(M)$) = [user(B, W), X, Y, Z].

规则2

If

　count(user(A, honest)) = [M],

　lfact(user(A, honest), N, init_gotnonce, M) = [user(B, W), Y, ok],

　lfact(user(A, honest), N, init_nonce, M) = [user(B, W), X],

　lfact(user(A, honest), N, init_final, M) = [],

then

　count(user(A, honest)) = [$s(M)$],

　intruderlearns(pke(pubkey(user(B, W)), Y)),

　lfact(user(A, honest), N, init_final, $s(M)$) = [user(B, W), Y],

EVENT

event(user(A, honest), N, init_reply, $s(M)$) = [user(B, W), Y].

图 4.17　NRL 实例

　　该描述与 Murφ 对协议描述有些相似(它们都基于迁移规则),但这种相似性是非常表面的。Murφ 在显式状态描述中执行状态空间搜索,NRL 使用统一的规则分析可能不完全的状态描述,该状态描述表现为一个状态集。另外,NRL 的搜索是目标驱动的,它从目标状态向初始状态回溯。与其他的有限状态系统不同,NRL 对可执行的协议实例的数量没有一个预先的限制,因此,被搜索的状态是无限的。NRL 提供了能证明某些状态集(经常是无限的)不可达的方法,从而可以删除对此状态集的搜索,然而,NRL 搜索过程不能保证一定会终止[42]。

　　Syverson 和 Meadows 提出了一种逻辑用于表示协议的性质规约[43],其中原子命题是带有四个参数的行为符号,能够在抽象层次上描述主体的行为。例如,在时间 M 服务器 S 发出某一特定消息用于传送 A 与 B 通信的共享密钥 K,这可以被解释为如下行为。

$$\text{Send}(S, (\text{user}(A, X), \text{user}(B, Y)), K, M)$$

行为之间的关系通过逻辑连接符和一个 past-time 操作算子刻画，从这个角度来说，NRL 使用的逻辑和我们所采用的逻辑相似，NRL 逻辑中的谓词"learn"和我们所使用的谓词"knows"相似。NRL 分析器没有对协议模型中的原子命题给出一个直接解释，使用这种逻辑刻画的性质规约必须被转换成一个能被该分析器识别的目标状态。首先对该性质规约取反，然后将所有行为谓词转换成协议计算模型所采用的事件语句。具体要对以下信息进行组合，并转换成一个最终目标状态。

（1）入侵者知道的消息集。

（2）局部状态变量值的集合。

（3）已发生的事件序列。

（4）一定不能发生的事件序列。

NRL 协议分析器已分析了一些计算机安全协议，包括对 Needham-Schroeder 公开密钥认证协议的分析，Meadows 比较了 NRL 协议分析器和 FDR 对该协议的分析[44]。Meadows 还使用 NRL 分析了网络密码交换协议 IKE[45]和电子商务协议 SET。此外，一些研究者还为 NRL 协议分析器专门开发了一个 CAPSL 接口[46]，CAPSL 是一种通用认证协议规约语言，工具研发者可以将它作为其分析工具的前台[47-50]。

NRL 协议分析器相比我们所开发的网络安全协议验证模型生成系统，最大的优点在于：它分析协议正确性无需对参与协议运行的主体个数加以限制，事实上，这也是相比于模型检测技术，基于定理证明的技术具有的优势所在。NRL 协议分析器能分析多种类型的协议，包括电子商务协议。NRL 协议分析器需要用户进行人工干预，自动化程度较低，相对而言，效率也比较低。

我们开发的系统中，网络安全协议验证模型是自动生成的，采用了多种优化策略显著提高了效率，而且当检测到协议存在漏洞时，生成系统会以字符方式和图形方式直观地表示攻击序列，NRL 协议分析器很难做到这一点。

4.7.5　与 Athena 对比

Song 等开发了一个颇有前途的模型检测器 Athena[51,52]，用于安全协议验证。和 NRL 协议分析器一样，Athena 从一个错误的状态开始从后往前搜索，试图发现是否能从最初状态到达该错误状态。与 NRL 协议分析器类似，"状态集"尽可能描述全局状态，同时一个"最全局性的错误"状态被形式化描述。NRL 协议分析器使用的是重写规则，而 Athena 使用推理规则，随着搜索的进行，"状态集"变得更加具体，更多的变量变得受限（Bound），因此，抽象状态表示越来越少的具体状态。

Athena 使用一种扩展的串空间[53]（Strand Space）模型作为其计算模型。串空间模型非常直观，同时它在保证 Athena 的效率方面起了重要作用。

在协议的执行过程中行为被建模成节点(Node)。为了简化讨论，我们仅仅考虑发送和接收两种行为。一个节点是由一个符号(+代表发送，-代表接收)和一个消息 t 组成的对($\pm,t$)。这些节点根据它们在协议中出现的顺序垂直排列，一个串(Strand)就是这些节点(发送和接收)在一个具体实例中的执行序列。协议主体就是参数化的串，变量允许在串中的信息部分出现。图 4.18 给出了 Needham-Schroeder 公开密钥认证协议中发起者和响应者的参数化的串，协议中消息流表示如下。

$$A \rightarrow B : \{Na, A\}_{K_B}$$
$$B \rightarrow A : \{Na, Nb\}_{K_A}$$
$$A \rightarrow B : \{Nb\}_{K_B}$$

Init$[A,B,Na,Nb]$		Resp$[A,B,Na,Nb]$
1: $<+\{Na\cdot A\}_{K_B}>$	$\rightarrow$	1: $<-\{Na\cdot A\}_{K_B}>$
$\Downarrow$		$\Downarrow$
2: $<-\{Na\cdot Nb\}_{K_A}>$	$\leftarrow$	2: $<+\{Na\cdot Nb\}_{K_B}>$
$\Downarrow$		$\Downarrow$
3: $<+\{Nb\}_{K_B}>$	$\leftarrow$	3: $<-\{Nb\}_{K_B}>$

图 4.18　Needham-Schroeder 公开密钥认证协议的参数化串空间模型

为了实例化协议角色，变量 A、B、Na、Nb 受限于具体的值(限制主体名为 A，B 和限制临时值为 Na、Nb)。

属于同一角色的节点通过一个双箭头($\Rightarrow$)连接。一般地，对任意两个节点 n_1 和 n_2，$n_1 \Rightarrow n_2$ 意味着这两个节点发生在同一个串中，并且节点 n_2 的行为紧跟着发生 n_1 之后。换句话说，$\Rightarrow$ 表示个体串中行为的先后顺序。

单箭头符号($\rightarrow$)表示针对某个特别消息的发送和接收操作，具体地说，对两个节点 n_1、n_2 和某个消息 a，$n_1 \rightarrow n_2$ 表示 $n_1 = <+,a>$、$n_2 = <-,a>$。

入侵者的不同行为被建模成入侵者串，每个入侵者串用于表示入侵者的相应能力，例如，拦截消息、复制消息和使用相应密钥解密消息，可以使用图 4.19 所示的串进行建模。注意这种表示串的方法中，关系 $\Rightarrow$ 过于严格了，例如，解密行为的入侵者串模型要求入侵者首先知道加密的消息，其次是相应的解密密钥，我们可以通过包含一个顺序颠倒的解密串来达到此目的。

Intercept$[a]$	Duplicate$[a]$	Decrypt$[m,k,k^{-1}]$
$<-,a>$	$<-,a>$	$<-,\{m\}_k>$
	$\Downarrow$	$\Downarrow$
	$<+,a>$	$<-,k^{-1}>$
	$\Downarrow$	$\Downarrow$
	$<+,a>$	$<+, m>$

图 4.19　入侵者参数化串模型

关系 → 和 ⇒ 定义了一个因果联系的优先顺序，还可定义一个新的关系 ≼：
$(\rightarrow \cup \Rightarrow)^*$，表示关系 → 与关系 ⇒ 并运算的自反传递闭包。关系 ≼ 满足性质：$n_1 \preccurlyeq n_2$
当且仅当 n_1 必须发生在 n_2 之前，可以用来表示某些事件必须先于另外一些事件
发生。Athena 避免讨论整个串的交互语义，所以消除了在开始就必须执行偏序归
约的需要，即偏序约简已内嵌在建模过程中。

关系 ≼ 定义了如何在 Athena 中进行回溯，搜索从偏序串的集合中开始，该集
合也可能只是一个单节点，这个串集合必须在因果关系下满足闭包性质，在因果
关系下满足此性质的串集合称为丛（Bundle），意即该集合中的任何节点，其相同
串中的所有先前节点被加入到该丛中。另外，所有接收的消息必须来源某个具体
的节点，这个节点可以是该丛中的一个具体节点，或者是一个可以加入到该丛中
的包含该节点的新串，有多种满足这个需求的方法，每种方法都可能导致产生不
同的历史记录，但所有历史最终都是可以被搜索的。

虽然使用丛作为一种计算模型看起来很有应用前景，但用于规约需求有些烦
琐。原子命题形如 $s \in C$，s 表示串常量，C 表示丛变量，C 被全称量词化。规约有
如下形式。

$$\forall C \cdot \wedge \varphi \Rightarrow \vee \psi$$

其中，φ 和 ψ 是原子命题集，直观上，对于任一丛 C（串因果关系的闭包集），若
有串（由 φ 规约）在丛 C 中，则必有对应串（由 ψ 规约）在丛 C 中。虽然这对于规约
典型的认证性/一致性性质已经足够，但对于如何将其扩展成一种更一般的逻辑并
不容易。例如，Needham-Schroeder 公开密钥认证协议的认证性质表示如下。

$$\forall C \cdot \text{Resp}[A, B, \text{Na}, \text{Nb}] \in C \Rightarrow \text{Init}[A, B, N, \text{Nb}] \in C$$

上述规约描述了存在丛，此丛中既包含一个响应者角色（由参数 A、B、Na 和
Nb 实例化），也包含一个由相同参数实例化的发起者角色。

Needham-Schroeder 公开密钥认证协议的临时值保密性规约如下。

$$\forall C \cdot \text{Learn}[\text{Na}] \in C \Rightarrow \text{false}$$
$$\forall C \cdot \text{Learn}[\text{Nb}] \in C \Rightarrow \text{false}$$

上述规约描述了没有任何丛包含有由临时值 Na 或 Nb 实例化的入侵者拦截角
色。换句话说，入侵者始终无法获得这些临时值。

（1）Athena 使用扩展的 SSM 模型描述协议的运行，采用变量替换和消减规则
来减少状态的搜索空间，相比而言，效率较高。

（2）Athena 对攻击者的能力做了约束，且变量替换没有类型匹配的限制，在
处理复杂协议时，易产生搜索状态空间爆炸问题。

（3）我们所开发的网络安全协议验证模型生成系统，可对入侵者能力进行扩充，包括处理特定协议的信息及概率性猜测能力，采用包括类型检查在内的多种优化策略用于提高效率。

4.7.6　与 Isabelle 对比

Bella 和 Paulson 研究了采用定理证明器 Isabelle 来证明协议的正确性[54,55]。和 Murφ、NRL 协议分析器所用的模型一样，在 Isabelle 中也使用规则集对协议进行编码，规则描述诚实主体的行为，即在何种环境下一个主体将生成和发送某特定消息。Murφ、NRL 协议分析器使用规则集描述当某行为被执行或发送某消息引起的状态变化。与之不同的是，Paulson 使用这些规则归纳地定义可能的迹集合。换句话说，每条 Paulson 规则形如：如果迹 evs 包含某些特定事件，那么可以通过级联一新事件 ev 在迹 evs 尾部对迹 evs 进行扩展。在 Needham-Schroeder 公开密钥认证协议中，发起者发送消息通过规则建模如图 4.20 所示。

```
NS3[| evs ∈ ns_public;
        Says A  B (Crypt(pubK B) | Nonce Na, Agent A |)
            ∈ set_of_list evs;
        Says B' A (Crypt(pubK B) {| Nonce Na, Nonce Nb |})
            ∈ set_of_list evs |]
    ⇒
    Says A  B (Crypt(pubK B) (Nonce Nb))
        # evs ∈ ns_public
```

图 4.20　Isabella 实例

如果迹 evs 包含行为：A 发送包含临时值 Na 的消息 1 给 B；A 接收到消息 2（消息 2 包含两个域且第一个域值为 Na，第二个域值为 Nb），则迹 evs 可以通过增加 A 发送包含 Nb 的消息 3 的行为进行扩展。

由于 Isabelle 是一个定理证明环境，需求规范以一种类似于对协议进行建模的语法。图 4.21 描述了 Needham-Schroeder 公开密钥认证协议的需求规约。

```
[| Says A  B (Crypt(pubK B) {| Nonce Na, Agent A |})
        ∈ set_of_list evs;
    Says B' A (Crypt(pubK A) {| Nonce Na, Nonce Nb |})
        ∈ set_of_list evs;
    A ∉ lost; B ∉ lost; evs ∈ ns_public |]
⇒
    Says B  A (Crypt(pubK A) {| Nonce Na, Nonce Nb |})
        ∈ set_of_list evs
```

图 4.21　Isabelle 需求规约实例

该规约描述了如果 A 发送了包含临时值 Na 的消息 1 给 B 且 A 接收了消息 2，消息 2 中包含第一回合中的临时值 Na，则 B 必定发送过该消息。我们知道该协议是有缺陷的，即不满足认证性但在 Isabelle 中并没有反例被发现，使用 Isabelle 分析 Needham-Schroeder 公开密钥认证协议参见文献[56]。

Paulson 归纳地定义协议中的迹集合，因此无须考虑协议会话次数的限制。换句话说，Paulson 的正确性证明适用于一个任意次数会话的协议分析，而非只针对一个有限状态模型。然而，和 NRL 协议分析器一样，并不保证一定终止。另外，即使证明协议存在漏洞，也难以得到产生漏洞的反馈信息。这就意味着 Paulson 的验证技术可以用于证明协议正确性声明，模型检测技术对于协议设计者的验证过程更为有用。

Pauslon 并不是唯一使用定理证明技术验证安全协议的学者。Cohen 开发了一种定理证明器 TAPS[57]，用于安全协议的验证。Cohen 声称 TAPS 比 Isabelle 速度更快、使用更容易。然而，所有的定理证明方法都有一个相同的缺陷，分析过程需要使用者不断交互，另外为了完成验证，用户还必须具有相当的洞察力。

我们所做的工作与 Isabelle 的比较，类似于与 NRL 协议分析器的比较，这里不再重述。

4.7.7　与 BRUTUS 对比

Clarke 等开发的专用模型检测器 BRUTUS 用于验证安全协议[58,59]，即对安全协议模型执行穷尽的状态空间搜索，寻找违反协议性质的反例。BRUTUS 包含一个自然推理风格的推导引擎，能够对入侵者试图攻击协议的能力进行建模。由于协议模型是安全协议的抽象，不可能证明一个协议完全正确，然而 BRUTUS 作为调试器十分有用。Marrero 等已经使用该工具分析了十几种不同的安全协议，发现了已知的针对它们的攻击。

BRUTUS 模型检测器从协议模型中分离出入侵者，并用一系列重写规则对其编码，在协议执行时这些规则可以用于消息的窃听和拦截。用户必须限制使用规则的数量，但不必事先规约入侵者必须知道的消息。本质上，BRUTUS 有两个垂直相交的部分，一个是状态搜索引擎，另一个是建模入侵者能力的消息推导引擎。如图 4.22 所示，这两个部分互相作用，系统可能的下一个状态集被入侵者构造并发送的消息所影响，依次地，入侵者能够产生的消息集又被其他主体发送的消息所影响。消息推导引擎使得用户在使用 BRUTUS 验证协议的时候可以免去烦琐的手写入侵者代码，如果协议有漏洞，还可以生成一个反例。

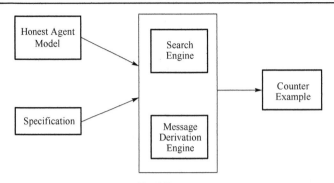

图 4.22　模型检测器 BRUTUS

　　BRUTUS 的算法基于状态空间搜索和自然推理，模型检测技术的缺陷在于状态爆炸问题，这对于 BRUTUS 也是无可避免的。BRUTUS 要验证的系统模型由多个并发执行的成分组成，系统的迹由一个交叉的执行序列定义。因此，BRURUS 采用了两种知名的状态约简技术，第一种技术是对称（Symmetry），应用于系统中的重复部分；第二种技术是偏序归约，即相应系统行为之间的执行顺序对整个系统正确性的影响是无关紧要的，这也就意味着在分析时无须深究系统所有交叉的行为。BRUTUS 将这两种技术结合，使得在验证安全协议的时候，协议模型的状态空间得到很大程度的约简。

　　BRUTUS 的算法采用基于深度优先的状态空间搜索技术，并结合自然演绎风格的推理。与其他模型检测工具纯粹的状态搜索技术相比，这是 BRUTUS 的优越之处。在搜索过程中如果遇到某个状态不满足给定的性质，算法停止并给出一个反例。如图 4.23 所示，如果行为 α 在 s 状态能够发生，则谓词 $en(s,a)$ 为真。因此，s 状态能够发生的行为集（用 $EN(s)$ 表示）为 $\{\alpha \mid en(s,\alpha)\}$。

$$
\begin{aligned}
&\text{funct DFS}(s)\\
&EN(s) = \{\alpha \mid en(s,\alpha)\}\\
&\text{foreach } \alpha \in EN(s)\\
&\text{do DFS}(\alpha(s))
\end{aligned}
$$

图 4.23　BRUTUS 中 DFS 算法

　　从图 4.23 可以看到，该算法基本上搜索了状态 s 的每一个行为，状态 s 在执行行为 α 后的状态由 $\alpha(s)$ 表示。在搜索过程中必须经常判定 $m \in \bar{I}$ 是否成立，其中 m 表示消息，I 表示诚实主体或入侵者知道的消息集合，$\bar{I}$ 表示将标准消息操作（级联、投影、加密、解密等）作用于集合 I 得到的所有消息的集合。如果将每个标准消息操作描述为推理规则，那么判定 $m \in \bar{I}$ 是否成立就与判定 m 是否可由 I 推导出等价，这与自然推理非常相似，事实上自然推理的概念和术语已经加入到 BRUTUS 算法当中，并被证明是正确的。

（1）BRUTUS 提出了一种用于表达安全性质的逻辑，可以表示多种验证性质，包括认证性、秘密性、非否认性。

（2）BRUTUS 可分析多种类型协议，包括安全支付协议、认证协议及密钥协议。

（3）我们定义了网络安全协议验证模型生成系统的可接受语言 ProDL，不仅定义协议的操作，也定义要被检测的系统，并利用包括静态分析、语法重定序及偏序归约的多种优化策略解决状态爆炸问题，而 BRUTUS 只运用了偏序归约和对称技术提高效率。

（4）我们所开发的网络安全协议验证模型生成系统，可对入侵者能力进行扩充，包括处理特定协议的信息及概率性猜测能力。

（5）当检测到协议存在漏洞时，生成系统会以字符方式和图形方式直观地表示攻击序列，而 BRUTUS 只提供以字符方式表示攻击序列模式。

参 考 文 献

[1] Dolev D, Yao A. On the security of public key protocols. IEEE Transactions on Information Theory, 1983, 29(2): 198-208.

[2] Ramanujam R, Suresh S P. Decidability of context-explicit security protocols. Journal of Computer Security, 2005, 13(1): 135-165.

[3] 怀进鹏, 李先贤. 密码协议的代数模型及其安全性. 中国科学: 信息科学, 2003, 33(12): 1087-1106.

[4] 季庆光, 冯登国. 对几类重要网络安全协议形式模型的分析. 计算机学报, 2005, 28(7): 1071-1083.

[5] Paulson L C. The inductive approach to verifying cryptographic protocols. Journal of Computer Security, 1998, 6(1-2): 85-128.

[6] Lowe G. Breaking and fixing the Needham-Schroeder public-key protocol using FDR// International Workshop on Tools and Algorithms for the Construction and Analysis of Systems, 1996: 147-166.

[7] Fagin R, Halpern J, Moses Y, et al. Reasoning about Knowledge. Cambridge: MIT Press, 2003.

[8] Xiao M H, Xue J Y. Formal analysis of cryptographic protocols in a knowledge algorithm logic framework. Chinese Journal of Electronics, 2007, 16(4): 701-706.

[9] Manna Z, Pnueli A. The Temporal Logic of Reactive and Concurrent Systems: Specification. Berlin: Springer, 1992.

[10] Bérard B, Bidoit M, Finkel A, et al. Systems and Software Verification: Model-Checking Techniques and Tools. Berlin: Springer, 2013.

[11] McMillan K L. Symbolic model checking: an approach to the state space explosion problem. Pittsburgh: Carnegie Mellon University, 1992.

[12] Peled D A. Software Reliability Methods. Berlin: Springer, 2013.

[13] Clarke E M, Grumberg O, Peled D. Model Checking. Cambridge: MIT Press, 1999.

[14] Yasinsac A F, Wulf W A. A formal semantics for evaluating cryptographic protocols. Virginia: University of Virginia, 1996.

[15] Millen J K. CAPSL: Common authentication protocol specification language//NSPW, Lake Arrowhead, 1996, 96: 132.

[16] Lowe G. Casper: A compiler for the analysis of security protocols. Journal of Computer Security, 1998, 6(1-2): 53-84.

[17] Armando A, Basin D, Boichut Y, et al. The AVISPA tool for the automated validation of internet security protocols and applications//International Conference on Computer Aided Verification, Edinburgh, 2005: 281-285.

[18] von Oheimb D. The high-level protocol specification language HLPSL developed in the EU project AVISPA//Proceedings of APPSEM Workshop, Frauenchiemsee, 2005: 1-17.

[19] Maggi P, Sisto R. Using SPIN to verify security properties of cryptographic protocols// International SPIN Workshop on Model Checking of Software, Grenoble, 2002: 187-204.

[20] Durante L, Sisto R, Valenzano A. A state-exploration technique for spi-calculus testing-equivalence verification//Formal Methods for Distributed System Development, Boston, 2000: 155-170.

[21] Meadows C. A procedure for verifying security against type confusion attacks//IEEE Computer Security Foundations Workshop, Pacific Grove, 2003: 62-72.

[22] Chevalier Y, Vigneron L. A tool for lazy verification of security protocols//IEEE International Conference on Automated Software Engineering, Montreal, 2001: 373-376.

[23] Xiao M H, Xue J Y. Formal automatic verification of security protocols//IEEE International Conference on Granular Computing, Atlanta, 2006: 566-569.

[24] Lowe G. Towards a completeness result for model checking of security protocols. Journal of Computer Security, 1999, 7(2-3): 89-146.

[25] Marrero W. Brutus: a model checker for security protocols. Process Capability Release Bell Canada Acquisitions, 2001.

[26] Clarke E M, Jha S, Marrero W. Verifying security protocols with brutus. ACM Transactions on Software Engineering and Methodology, 2000, 9(4):443-487.

[27] Burrows M, Abadi M, Needham R. A logic of authentication. ACM Transactions on Computer Systems, 1989, 23 (5):1-13.

[28] Craigen D, Saaltink M. Using EVES to analyze authentication protocols. Technical Report, 1996.

[29] Kindred D, Wing J. Fast, automatic checking of security protocols//USENIX 2nd Workshop on Electronic Commerce, Oakland, 1996.

[30] Kailar R. Accountability in electronic commerce protocols. IEEE Transactions on Software Engineering, 1996, 22 (5): 313-328.

[31] Gong L, Needham R, Yahalom R. Reasoning about belief in cryptographic protocols//IEEE Computer Society Symposium on Research in Security and Privacy, Oakland, 1990:234-248.

[32] Abadi M, Tuttle M R. A semantics for a logic of authentication//The 10th ACM Symposium on Principles of Distributed Computing, Montreal, 1991: 201-216.

[33] Syverson P F, van Oorschot P C. On unifying some cryptographic protocol logics//Proceedings of the IEEE Computer Society Symposium on Research in Security and Privacy, Oakland, 1994: 14-28.

[34] Kindred D. Theory generation for security protocols. Pittsburgh: Carnegie Mellon University, 1999.

[35] Kindred D, Wing J M. Closing the idealization gap with theory generation//DIMACS Workshop on Design and Formal Verification of Security Protocols, New Jersey, 1997.

[36] Seshia S A, Wing J M. A comparison and combination of theory generation and model checking for security protocol analysis//Workshop on Formal Methods in Computer Security, 2000.

[37] Hoare C A R. Communicating sequential processes. Communications of the ACM, 1978, 21 (8): 666-677.

[38] Mitchell J C, Mitchell M, Stern U. Automated analysis of cryptographic protocols using Murφ// IEEE Symposium on Security and Privacy, Oakland, 1997: 141-151.

[39] Mitchell J C, Shmatikov V, Stern U. Finite-state analysis of SSL 3.0//USENIX Security Symposium, San Antonio, 1998: 201-216.

[40] 熊昊. 模型检测形式化分析中若干关键问题研究. 南昌: 南昌大学, 2008.

[41] Meadows C. A model of computation for the NRL protocol analyzer//Proceedings of the Computer Security Foundations Workshop VII, Franconia, 1994: 84-89.

[42] Meadows C. Language generation and verification in the NRL protocol analyzer// Proceedings of the 9th IEEE Computer Security Foundations Workshop, Kenmare, 1996:

48-61.

[43] Syverson P, Meadows C. A formal language for cryptographic protocol requirements. Designs, Codes and Cryptography, 1996, 7(1-2): 27-59.

[44] Meadows C. Analyzing the Needham-Schroeder public key protocol: a comparison of two approaches// European Symposium on Research in Computer Security, Rome, 1996: 351-364.

[45] Meadows C. Analysis of the internet key exchange protocol using the NRL protocol analyzer// Proceedings of the IEEE Symposium on Security and Privacy, Oakland, 1999: 216-231.

[46] Brackin S, Meadows C, Millen J. CAPSL interface for the NRL protocol analyzer//IEEE Symposium on Application-Specific Systems and Software Engineering and Technology, 1999: 64-73.

[47] Denker G, Millen J. CAPSL integrated protocol environment//DARPA Information Survivability Conference and Exposition, Los Alamitos, 2000, 1: 207-221.

[48] Millen J. CAPSL: common authentication protocol specification language//Workshop on New Security Paradigms, New York, 1996: 132.

[49] Millen J. CAPSL Web Site. http://www.csl.sri.com/~millen/capsl, 2000.

[50] Millen J, Veith H, Heintze N, et al. A CAPSL connector to Athena//Workshop of Formal Methods and Computer Security, 2000.

[51] Song D X. Athena: a new efficient automatic checker for security protocol analysis// Proceedings of the IEEE Computer Security Foundations Workshop, Washington, 1999: 192-202.

[52] Song D X, Berezin S, Perrig A. Athena: a novel approach to efficient automatic security protocol analysis. Journal of Computer Security, 2001, 9(1-2): 47-74.

[53] Fabrega F J T, Herzog J C, Guttman J D. Strand spaces: why is a security protocol correct?// IEEE Symposium on Security and Privacy, 1998: 160-171.

[54] Bella G, Paulson L C. Using Isabelle to prove properties of the Kerberos authentication system. Recent Advances in Environmentally Compatible Polymers, 1997, 394(2): 73-78.

[55] Paulson L C. Proving properties of security protocols by induction//Proceedings of the IEEE Computer Security Foundations Workshop, Rockport, 1997.

[56] Paulson L C. Mechanized proofs of security protocols: Needham-Schroeder with public keys. Cambridge: University of Cambridge, 1997: 70-83.

[57] Cohen E. TAPS: a first-order verifier for cryptographic protocols//International Conference on Computer Aided Verification, Chicago, 2000: 144-158.

[58] Clarke E M, Jha S, Marrero W. Using state space exploration and a natural deduction style message derivation engine to verify security protocols//Programming Concepts and Methods PROCOMET'98, Boston, 1998: 87-106.

[59] Clarke E M, Jha S, Marrero W. Partial order reductions for security protocol verification// International Conference on Tools and Algorithms for the Construction and Analysis of Systems, 2000: 503-518.

第 5 章　网络安全协议验证模型生成系统

通过模型检测工具对网络协议的形式化分析已成为当前安全领域人们关注的焦点。但是，对安全协议进行手工建模以及性质规约过程是非常困难与烦琐的。例如，利用模型检测工具 SPIN 对只有三条交换消息的 Needham-Schroeder 公开密钥协议进行形式化分析时，手工输入的 Promela 代码就有近四百行。目前存在的基于 SPIN 之上的图形化工具 XSPIN 和 JSPIN 等都是验证工具，提供直观界面方便用户使用，省去了记忆大量 SPIN 命令和参数设置的麻烦，但仍需要使用者先手工完成协议建模与规约过程，再利用这些验证工具对 Promela 模型进行验证。因此，以我们提出的安全协议形式化表示以及基于算法知识逻辑的入侵者模型为理论基础，在运用 SPIN 和 Promela 对大量网络安全协议建模分析的实践基础上，采用模型检测技术，设计并实现了网络安全协议验证模型生成系统，可以对网络安全认证协议以所见即所得的方式输入协议内容，系统中的建模分析子模块实现了认证协议的形式化建模算法，能自动地完成认证协议建模与性质规约过程。

在设计网络安全协议验证模型生成系统中，采用静态分析、语法重定序和偏序归约等优化策略，用于安全协议的 Promela 建模，有效缓解安全协议模型检测过程中的状态爆炸问题。

5.1　系　统　概　述

5.1.1　系统简介

网络安全协议验证模型生成系统是一个方便用户对网络认证协议自动建模、简化系统性质描述和自动验证建模过程的软件。该系统提供了协议文本编辑器和协议辅助生成向导两种方式生成协议描述文本，以满足不同用户的需求，具体地说，用户可通过直观的 GUI 界面，以所见即所得的方式(Wizard)对安全协议进行输入，也可使用协议描述语言 ProDL[1]进行协议描述；调用建模分析子模块完成对 ProDL 语言描述的协议建模和规约过程，生成相应的 Promela 代码；对生成的 Promela 代码，系统即可通过内部接口调用 SPIN 进行验证并给出运行结果；如果发现漏洞，系统将以图形化方式显示此攻击序列。本系统具有扩放性，能够有效分析多种类型的密码协议，用户直接输入 Promela 代码，然后对此 Promela 代码进行验证，并在发现漏洞时以图形化方式显示攻击序列。

由于 SPIN 在 Unix 类系统和 Windows 系统(Cygwin)下都有广泛应用，因此在开发该系统时我们选择有优秀跨平台性能的 Java 语言。本系统的开发环境是 SUN Netbeans 5.5，操作系统平台为 RedHat Fedore Core6，并仅需配置 SPIN 的安装路径即可运行。

网络安全协议验证模型生成系统从用户角度上来说包括如下三个部分。

(1)用户界面。系统与用户交互接口，完成输入、建模和验证等操作。

(2)建模分析子系统。实现协议分析建模功能，是开发的重点也是难点，作为系统核心联系着用户界面和验证子系统。

(3)自动验证子系统。验证子系统调用底层的 SPIN 模块，返回 SPIN 运行的结果和出错信息等，并在发现漏洞时给出图形化的攻击序列。

下面分为用户输入界面→建模分析子系统和建模分析子系统→验证子系统两个过程来进行详细描述。

(1)用户输入界面→建模分析子系统，如图 5.1 所示。协议的描述形式各种各样，为了满足不同用户的需求，该系统提供了协议文本编辑器和协议辅助生成向导两种方式生成协议描述文本，形成建模分析子系统所接收的输入语言 ProDL。分析子系统根据用户提供的协议类型进行判断，如果协议类型属于所处理的范围内，用户可以分别采用静态分析、语法重定序和偏序归约等优化策略，用于安全协议建模，解决安全协议模型检测过程中的状态爆炸问题，自动生成完整的 Promela 代码，显示到用户界面上。否则，用户可以通过友好的界面窗口，完成 Promela 代码的录入。

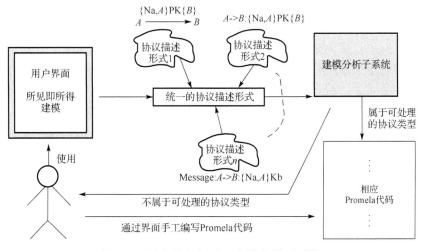

图 5.1　用户输入界面→建模分析子系统

(2)建模分析子系统→验证子系统,如图 5.2 所示。验证子系统通过内部 SPIN 接口调用 SPIN 子模块,对由建模分析子系统生成的 Promela 代码进行相应的逻辑分析和验证。SPIN 运行产生的输出信息和结果将在用户界面上显示,如果存在攻击漏洞还会以图形的方式进行输出。

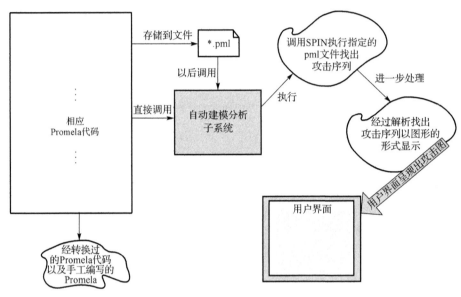

图 5.2　建模分析子系统→验证子系统

5.1.2　系统功能

作为一种在底层调用 SPIN 子模块和建模分析子系统,以及用户界面子模块作为输入输出层的网络安全协议验证模型生成系统,它的内部流程图如图 5.3 所示。

单向箭头并且指向建模分析子模块表示用户输入,单向箭头并且由建模分析子模块指出表示系统输出,双向箭头表示建模分析子模块既做相应的处理过程同时又把相应的结果传输到相应的显示模块中去。

Input Protocol 模块是整个系统的输入模块,ProDL 模块、Promela Model 模块、Φ 模块、Verification 模块和 Output Result 模块组成了系统的输入输出模块,在 Φ 模块中刻画 Deadlock、Safety Property 和 Liveness Property 性质,在对网络安全协议进行分析时,Φ 模块提供用线性时态逻辑 LTL 刻画协议所需满足认证性质的功能;Modeling Analysis System 模块是整个系统的后台执行模块,它具有抽象性、高效性、自动化程度高、可扩展性和友好的用户界面等特点,以及为解决模型检测中状态爆炸问题而采用了上章所讨论的多项优化策略,包括静态分析、语法重定序和偏序归约等。Modeling Analysis System 模块通过接收上述模块的输入信息,生成相应的 Promela 代码，然后调用自动验证模块对此 Promela 代码进行分析，分析结果信息通过用户界面模块显示出来。

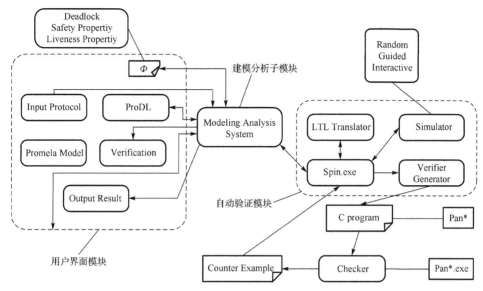

图 5.3　网络安全协议验证模型生成系统内部流程图

本系统已经成功地自动分析了双方公钥类型、三方公钥类型和三方对称密钥类型的协议，对于其他类型的协议，系统给出了友好的用户界面，可供用户直接输入 Promela 代码进行验证，并在发现漏洞时以图形化方式显示攻击序列。具体来说，系统的主要功能如下。

（1）提供一种协议描述语言 ProDL，能够准确描述密码协议组成要素，具体体现了协议安全构建块抽象建模机制。

（2）系统能将安全协议的 ProDL 描述自动转换为对应协议的 Promela 语言描述，克服了一般协议分析工具只面向研究人员，一般技术人员难以使用的缺点。

（3）系统提供了大量的扩展接口，采用工厂类的技术实现。如分析的协议类型和加密类型等都采用了工厂类，使得系统具有很好的扩展性；另外提供接口予以处理猜测功能及专门协议知识的能力。

（4）继承了一套完整的验证系统建模的体系，对发现有攻击漏洞的协议，给予显示攻击序列。本系统提供了两种显示漏洞的方式：一种是字符方式，一种是图形方式。系统的编辑器与 XSPIN 和 JSPIN 等基于 SPIN 的图形界面验证工具不同，能以不同颜色来高亮度显示代码中的变量、常量、函数名和通道等，给用户带来视觉上的美感。

5.2　系统设计与实现

系统的设计包括整体设计和模块设计。其中模块设计是重点，本节主要阐述各模块功能、设计思想和具体实现。

5.2.1　整体设计

本系统以 Java 语言实现。由于 Java Swing 外观精美，速度也有大幅提高并提供了丰富的类，并且是 Java 原生类，而 SWT(Eclipse 项目)跟本地结合比较紧密，不符合需要移植性的要求，因此我们在实现系统界面时选择了 Java Swing 来构建。其界面如图 5.4 所示。主界面左边窗口显示协议 ProDL 描述，下面窗口显示系统运行信息和错误报告等，右边其余区域显示 Promela 代码和验证结果输出。

图 5.4　整体设计图

5.2.2　模块设计

在整个系统中，核心的数据是 Protocol 类。Protocol 类在系统使用者使用 Wizard 输入的协议数据的基础上经过初步处理，将协议存储在此类中。系统中所有的操作都围绕 Protocol 类来进行。Protocol 类的 UML 描述如图 5.5 所示。

其中，Initiator、Responder 和 Server 分别记录了协议的发起者、响应者和服务器方，ProtocolType 描述了协议类型，keyType 描述加密类型(如公钥、私钥和对称密钥)。协议的主要内容即协议通信方的通信内容放在 Items 中，Items 是一个 ProtocolItem 类型的向量，记录了每一次通信的具体信息。getDescript( )可根据协议输出 ProDL 格式的描述，方便理解和处理。

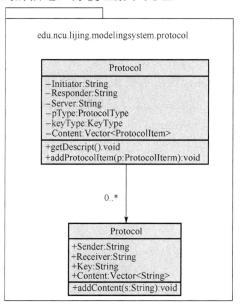

图 5.5　Protocol 类的 UML 图

ProtocolItem 封装了每一次交互。Sender 和 Receiver 分别是这一次交互的发送者和接收者，Content 存储了发送内容，Key 存储了加密信息。

1)用户界面

(1)用户输入。使用 Wizard 指导用户一步一步描述协议。Java Swing 里没有 Wizard 类，因此只能自己设计和实现 Wizard 窗口。设计 Wizard 时需要考虑数据的记录，尤其是向前和向后页面的数据存储和更新问题。为了解决这类问题，将需要存储的数据存储在一个 String-Object 映射中，其中 String 部分是需要存储的对象描述，当记录一个输入框的内容时需要先进行注册才能保证数据被保存起来，在整个导航窗口结束时利用。

使用者使用 Wizard 输入协议发起者、响应者等信息后，完成导航时，protocol 对象被创建，如图 5.4 所示(见添加协议内容小窗口)。该部分的类全部封装在 Java 包 edu.ncu.lijing.modelingsystem.wizard 包中。

(2)Promela 语言高亮显示编辑器的开发。为了更好地显示建模产生的 Promela 代码，在设计系统时实现了一个针对 Promela 代码的高亮显示编辑类。简单来讲，实现高亮显示代码的编辑器需要如下两个步骤。

第一步是词法、语法分析。根据 Promela 语法扫描整个文件，找出指定的关键字。

第二步显示关键字。得到关键字位置和长度后进行重绘，以特定的字体、大小和颜色来显示文本。作为一个优化措施，在重绘时我们选择了只重绘显现文本，也就是并非所有的文本都进行显示属性处理，仅需对窗口显现的代码进行重绘，以提高效率，以免造成对大文件编辑时的闪烁问题。该功能的实现在 edu.ncu.lijing.modelingsystem. syntaxhighlighteditor 中。主要的类包括 Scanner 接口、PromelaScannar 类和 Syntax-Highlighter 类。对 ProDL 语言输出描述也做了相同的处理，以高亮显示 ProDL 描述语言中的关键字。Scanner 封装了大部分扫描处理，而 SyntaxHighlightEditor 则封装了编辑功能和重绘功能。实现 Promela 和 ProDL 的语法扫描只需要继承 Scanner 类来写入自己的关键字以及关键字需要显示的方式，其结构图如图 5.6 所示。

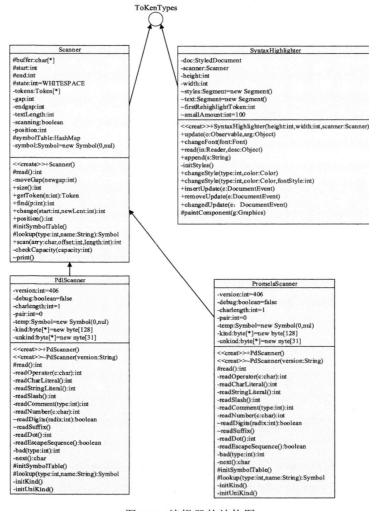

图 5.6　编辑器的结构图

　　(3)布局和联系。在界面设计时，本系统大量运用了 MVC 模式。比如生成 Protocol 类的对象 protocol 后，系统协议信息窗口将显示 protocol 的 ProDL 描述。在这里就运用了 MVC 模式来实现，其 UML 如图 5.7 所示。

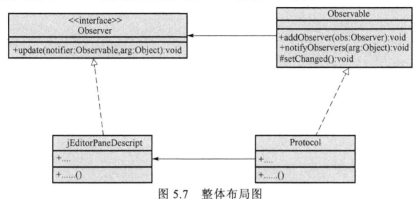

图 5.7　整体布局图

　　Java 语言提供专门的类 Observable 及 Observer 接口来实现 MVC 编程模式。作为 MVC 模式中的 Model 类，Protocol 类需要继承 Observable 类，而作为视图的 jEditorPaneDescript 类需要实现 Observer 接口。protocol 对象调用 addObserver 来注册视图类，在 protocol 对象产生变化之后，调用 setChanged 方法来通知注册的视图更新，而 jEditorPaneDescript 需要重载 update 方法来根据 model 也就是 protocol 重绘。

　　本系统频繁输出信息，在代码中一次一次的显式修改不但编码复杂，而且维护困难。使用 MVC 模式只在需要输出新的信息时更新信息并调用 setChanged 方法通知输出信息试图更新即可。

　　图 5.8 和图 5.9 分别是网络安全协议验证模型生成系统对 Needham-Schroeder 公开密钥协议与 TMN 协议分析时，相应的 ProDL 描述(左边窗口)与自动生成的验证模型 Promela 代码(有几百行之多，右边窗口)。

图 5.8　Needham-Schroeder 公开密钥协议的 ProDL 描述及系统生成的相应 Promela 代码

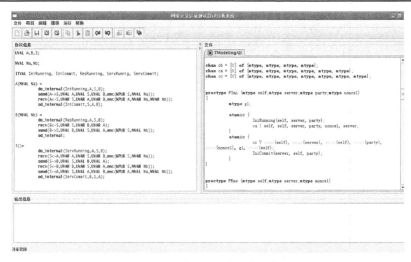

图 5.9　TMN 协议的 ProDL 描述及系统生成的相应 Promela 代码

2) 建模分析子系统

　　建模分析子系统是本系统的核心，完成对所验证协议建模和性质规约过程。本子系统全部封装在 edu.ncu.lijing.modelingsystem.protocol 包中。它的核心数据是 Protocol 类，用于存储用户输入的协议。以此为基础，负责具体分析建模的是 Modeling 类，对不同的协议类型有不同的 Modeling 类。本系统采用了简单的工厂模式来设计。Modeling 接口定义了建模的基本操作，包括 IniModeling、ResModeling、SrvModeling 等。对于具体的协议类型，如双方公钥协议，实现这个接口中的所有方法。ModelingFactory 类提供公共方法 getModeling(arg: protocol)，根据具体的 protocol 类型返回相应的分析和建模类。这样的设计使以后对新协议类型分析方法的扩展得到最大的便利，只需要实现 Modeling 接口和改写 ModelingFactory 类中的方法即可，不必逐字逐句寻找创建 Modeling 对象的代码修改。如果有新的对相同协议的不同方法也可以很容易地融合进来，因此在本系统中大量运用工厂模式，包括 LTL 建模等其他方面。

　　Modeling 接口中的所有方法是必须实现的，除了图 5.10 所示的 IniModeling、ResModeling、SrvModeling 等还有 IntruderModeling、LTLModeling 等。其中前三个建模方法类似，其主要思想是在遍历协议交互的过程中，记录协议每一次交互过程中出现的标识符，显然最初服务器、发起者、响应者都知道自己的标识符，并且知道其余两方的标识符。在发送过程中出现的标识符如果不在三者已知序列中，说明这是发送者的变量或参数。在此基础上加以处理即可以进行自动分析最后产生代码。以下给出具有可信第三方的公开密钥协议、具有可信第三方的对称密钥协议中发起者建模的实现算法（见算法 5.1），对于响应者建模和服务器建模与发起者建模是类似的。

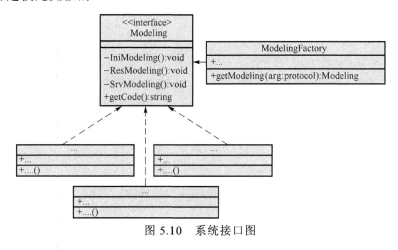

图 5.10　系统接口图

算法 5.1　发起者建模算法

（1）初始化变量。

argument=null; //用于存放发起者进程函数头部参数的向量

variables=null; //用于存放发起者进程要使用的局部变量

argname= "nonce"; //argname 参数名称

varname= "g"; //varname 局部变量名

argnum='1'; //argnum 表示第几个参数

varnum='1'; //varnum 表示第几个变量

IniIdentitiesMap=null; //存放发起者消息的参数与 argname 的映射关系

ResIdentitiesMap=null; //存放响应者消息的参数与 varname 的映射关系

（2）求发起者进程头部参数向量 arguments 和 IniIdentitiesMap。

IniIdentities=pdl.getIniIdentities(); //获取发起者参数

循环　对 IniIdentities 中的每个元素 c 执行以下操作：

若！IniIdentitiesMap.containsKey(c)

则 IniIdentitiesMap.put(c, argname + argnum)；

　　　arguments.add(argname + argnum)；

　　　argnum++；

（3）求局部变量向量 variables 和 ResIdentitiesMap。

ResIdentities=pdl.getResIdentities(); //获取响应者参数

循环　对 ResIdentities 中的每个元素 c 执行以下操作：

若！ResIdentitiesMap.containsKey(c)

则 ResIdentitiesMap.put(c, varname + varnum)；

　　variables.add(varname+varnum)；

　　varnum++；

(4)利用向量 arguments 构造发起者进程的函数头部。

(5)利用向量 variables 构造发起者进程需要用到的局部变量。

(6)利用 Hash 映射 IniIdentitiesMap 和 ResIdentitiesMap 构造发起者进程的函数体。

acts=pdl.getIniActSequence()；//获取发起者 ProDL 的动作序列。

循环 对动作序列 acts 中的每个动作 act，执行以下操作：

若 act.getActionType()=do_internal,

则在进程中添加内部动作 IniRunning(initiator, responder)

若 act.getActionType()=od_internal,

则在进程中添加内部动作 IniCommit(initiator, responder)

若 actgetActionType()=send

则执行以下操作(即构造发送消息的 Promela 代码)：

content=act.getContent()；//获取消息的内容

循环 对 content 中的每个元素 c 执行以下操作：

若 $c \in$ IniIdentities

则在构造该条消息的代码时 c 用 IniIdentitiesMap.get(c)替代；

否则 c 用 ResIdentitiesMap.get(c)替代。

若 actgetActionType()=recv

则执行以下操作,即构造接收消息的 Promela 代码：

content=act.getContent()；//获取消息的内容

循环 对 content 中的每个元素 c 执行以下操作：

若 $c \in$ IniIdentities

则在构造该条消息的代码时 c 用 eval(IniIdentitiesMap.get(c))替代,否则 c 用 ResIdentitiesMap.get(c)替代。

　　攻击者建模是众所周知的难点部分，也是最为关键的部分。攻击者建模需要对发起者进程、响应者进程或第三方服务器进程分别考虑，特别是变量的取值范围部分以及知识集的变化，关键是要构造出攻击者最终可能得到的信息集合 Table1 和攻击者希望得到的信息集合 Table2。构造出 Table1 和 Table2 之后，求出 Table1 和 Table2 的交集，利用交集来编写攻击者发送信息的已知条件 signals，然后再根据 signals 和 Table2 构造攻击进程的函数体。

算法 5.2～算法 5.6 是用类 Java 语言编写的两方公钥协议攻击者建模的实现算法，三方协议的攻击者建模算法与两方攻击者建模算法类似。

部分变量类型声明：

class ComplexSendItems {

/*该数据结构表示攻击者发送的消息内容*/

String key; //加密密钥

Vector<String> pc; //消息中需要加密部分的前缀

Vector<String> ec; //消息中需要加密的部分

Vector<String> sc; //消息中需要加密部分的后缀

//对 ComplexSendItems 数据类型对象进行操作的一组方法声明

ComplexSendItems ();

ComplexSendItems (key, pc, ec, sc);

void addPContent (); //增加 pc 向量的内容

void addEContent ();

void addSContent ();

Vector<String> getPContent (); //获取 pc 向量的内容

Vector<String> getEContent ();

Vector<String> getSContent ();

String getKey (); //获取 key

}

IniIdentities = pdl.getIniIdentities ()；//获取存放发起者标识符的向量

ResIdentities = pdl.getIniIdentities ()； //获取存放响应者标识符的向量

算法 5.2　攻击者建模算法

打印攻击者进程的函数头部 proctype PI ()。

(1)构造攻击者最终可能得到的信息集合 Table1。

senderLeaning=getTable1 (p);//senderLeaning 为 ComplexsendIterms 类型，p 为建模的协议

(2)攻击者希望得到的信息集合 Table2，receiverLeaning=getTable2 (p)。

(3)求 senderLeaning 和 receiverLeaning 的交集并记为 retainLeaning。

(4)构造攻击者进程的 do 程序体。

doCode=getIntrDoCode(retainLeaning,receiverLeaning)，并将 doCode 添加到攻击者进程代码块的适当位置。

(5)攻击建模算法结束。

算法 5.3　消息内容处理算法

本算法实现对消息的内容进行处理。在对消息进行处理时本算法应用了算法知识逻辑来刻画攻击者的入侵能力，在对攻击者进行消息重组建模时运用了偏序归约及类型检查优化策略。参数 content 存放要处理的内容，derive 中存放重组后的消息，paraIdentities 为消息参数所属的标识符集合(对于两方协议，标识符集合包括发起者标识符集合和响应者标识符集合)，i 表示消息内容处理标志，0 表示对加密部分前缀进行处理，1 表示对加密部分进行处理，2 表示对加密部分后缀进行处理。

(1)LAK( ); //应用了算法知识逻辑来刻画了攻击者的入侵能力

(2)循环　对 content 中每个元素 c 执行以下操作：

若 $c \in$ paraIdentities，则执行下列操作,否则执行步骤②

① 若 derive !=null

则对 derive 中的每个元素 csi 执行以下操作：

　　　　　根据 i 的值，将 c 添加到 csi 相对应的向量中//如 i=0，则 csi.addPContent(c)

否则执行②；

② cs=new ComplexSendItems( )；

根据参数 i 的值，将 c 添加到 cs 相对应的向量中；

derive.add(cs)；

③ 若 derive !=null；

则执行以下操作，否则执行④；

derivetmp=derive.clone( )；

derive.clear( )；

循环　对 derivetmp 中的每个元素 csi 执行以下操作：

vect= checkType(c)；//对 c 进行类型检查

循环对向量 vect 中的每个元素 v，执行以下操作：

cs = (ComplexSendItems) csi.clone( )；

根据参数 i 的值，将 v 添加到 cs 相对应的向量中；

derive.add(cs)；

④ vect= checkType(c)；

cs = new ComplexSendItems( )；

根据参数 i 的值，将 c 添加到 cs 相对应的向量中；

derive.add(cs)；

(3)return derive; //返回向量 derive，本算法结束

算法 5.1　构造 Table1 算法 getTable1(Protocol p)

senderLeaning 的类型为 Vector,而不是 Hash 类型,这样做的目的是利用语法重定序优化策略(因为在构造 Table1 时, 本身就是对协议的消息依次进行分析,应用 Hash 类型来存储消息反而会打乱所构造的消息的顺序)。

(1)获取协议 p 的消息信息 pitems= p.getItems()。

(2)循环对每条消息 pi 执行如下操作,直到所有消息处理完毕。

pc = pi.getPrefixOfEContent(); //获取加密部分前缀的内容

ec = pi.getEContent();//获取需要加密的内容

sc = pi.getSuffixOfEContent();//获取加密部分后缀的内容

若该条消息的发送者为发起者 initiator, 则执行以下步骤,否则转①

对 pc 进行处理, derive=dealContent(pc, derive, IniIdentities, 0);

对 ec 进行处理, derive=dealContent(ec, derive, IniIdentities, 1);

①对 sc 进行处理, derive=dealContent(sc, derive, IniIdentities, 2);

根据向量 derive, 每个都可能发送给 responder 或 intruder 得到结果

循环对向量 derive 中的每个元素 s, 执行如下操作:

pc= s.getPContent();

ec= s.getEContent();

sc= s.getSContent();

key= "";

s 的内容发给攻击者 intruder

csi=new ComplexSendItems(key, pc, ec, sc);

若 csi ∉ senderLeaning

则 senderLeaning.add(csi);

s 的内容发给响应者 responder

若 pi.getKey≠""

则 key=keyB;

csi=new ComplexSendItems(key, pc, ec, sc);

若 csi ∉ senderLeaning

则 senderLeaning.add(csi);

derive.clear();//derive 中元素处理完毕后,清空向量 derive

该条消息为发起者的接收消息

对 pc 进行处理, derive=dealContent(pc, derive, ResIdentities, 0);

对 ec 进行处理, derive=dealContent(ec, derive, ResIdentities, 1);

对 sc 进行处理, derive=dealContent(sc, derive, ResIdentities, 2);

根据向量 derive, 每个都可能发送给 initiator 或 intruder 得到结果

对向量 derive 中的每个元素 *s*, 执行如下操作, 直到 derive 中的所有元素处理完毕

pc= s.getPContent();

ec= s.getEContent();

sc= s.getSContent();

key= "";

s 的内容发给攻击者 intruder

csi=new ComplexSendItems(key, pc, ec, sc);

若 csi ∉ senderLeaning

则 senderLeaning.add(csi);

s 的内容发给发起者 initiator

若 pi.getKey ≠ ""

则 key=keyA;

csi=new ComplexSendItems(key, pc, ec, sc);

若 csi ∉ senderLeaning

则 senderLeaning.add(csi);

derive.clear();//derive 中元素处理完毕后, 清空向量 derive

(3) return senderLeaning; //返回 Table1 的向量 senderLeaning

算法 5.5　构造 Table12 算法 getTable2(Protocol *p*)

getTable2(*p*) 的功能是构造攻击者需要的信息集合 Table2, 它的构造过程是 Table1 的逆过程, 据算法 5.4 可以比较容易地写出构造 Table12 的算法, 因此这里就不再阐述。

算法 5.6　构造攻击者行为算法

该算法用于构造攻击者的 do 程序体

(1) signals=getSignals(retainLeaning); //求攻击者发送某条消息的发送条件

(2) 构造 receiverLeaning 中需要加密的消息的 Promela 代码。

循环　对 receiverLeaning 中每个元素 csi 进行处理

若 csi.getKey() = "", 则执行步骤(3), 否则执行以下操作:

condition = "", tempcode = "";

对 csi.getEContent() 中的每个元素 *c*, 执行以下操作:

从 signals 中获取发送 *c* 的条件 kc

① condition += " && " + kc; //增加发送 *c* 的条件

若 csi∈retainLeaning　//表示 csi 在交集中

则①从 signals 中获取发送 csi 消息整体需要的条件 kcsi；

② condition += " || " + kcsi；

根据发送条件 condition 构造该条消息的 Promela 代码 tempcode；

intruderDoProcess.addCodes(tempcode)；//将 tempcode 添加到攻击者 do 程序体中

(3)构造 receiverLeaning 中不需要加密的消息的 Promela 代码 tempcode。

intruderDoProcess.addCodes(tempcode)；

(4)将攻击者接收消息的代码 d_step 添加到 do 程序体中。

　　　intruderDoProccess.addCodes(getd_stepCode))；

(5)return intruderDoProcess；//本算法结束

3) 验证子系统

系统使用者在执行建模操作后，可以在运行菜单选择验证和寻找漏洞操作。
与 SPIN 相关的类是 RunSpin 类，它封装了 SPIN 及其相关工具的配置信息、运行
命令、运行过程的监控和结果获取，以及如果寻找到漏洞时根据获取的信息作图
和输出的功能。它通过 Config 类来读取配置信息。Config 类是一个静态类，封装
了读取和存储配置信息的属性和方法。RunSpin 类调用 run 和 runAndWait 方法，
采用多线程的方式运行执行 SPIN 程序，如图 5.11 所示。调用的关键代码如下。

runSpin.runAndWait(resultPage, false,

　　　Config.getStringProperty("SPIN") + " " +

　　　Config.getStringProperty("VERIFY_OPTIONS") + " " + "-N" +

" " + promelapage.LTLFileName + " " + promelapage.fileName)；

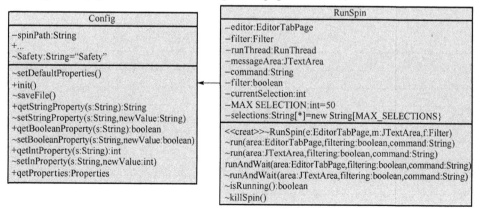

图 5.11　调用 SPIN

5.2.3 协议描述语言 ProDL

在参考文献[2]～文献[4]的基础上，设计了网络安全协议描述语言 ProDL，ProDL 作为网络安全协议验证模型生成系统的可接受输入语言，其形式语义基于4.1 安全协议形式化描述部分，协议安全构建块的抽象建模机制也在 ProDL 中得以体现。

SPIN/Promela 通过枚举方式搜索系统状态空间，因此只能处理有限状态系统，如只有一个协议发起者和一个协议响应者，而不能处理任意规模的系统，包括有任意个发起者和任意个响应者的协议，还要假设协议运行的深度是有穷的，也就是说我们只考虑协议的有穷次运行的情况。因此 ProDL 中不仅要定义协议的操作，还要定义被检测的系统，ProDL 包括两个不同的部分。

(1)协议运行方式的定义：描述在主体间传递的消息及消息结构，使用的数据项类型，主体之间要达成的目标说明。

(2)实际被检测系统的定义：参与实际系统的主体及其扮演的角色的定义，实际使用的数据类型，以及攻击者能力(包含初始知识)。

下面我们用扩展的巴科斯范式(Expanded Backus Normal Formula，EBNF)描述 ProDL 的语法规则，约定 ProDL 语言中的终结符号都用单引号括起来；ProDL 语言中的不同部分用不同的标题分隔，不同的标题名前用"#"标注；ProDL 的最开始行为注释行，开始行前用"--"标注；用"\"连接的多条不同逻辑行表示一条 ProDL 真正的语句；在花括号中出现的术语可以出现零次或多次，方括号中的术语是可选的(即可出现 0 次或 1 次)。

ProDL 语言中用到的一些符号以及对应的含义如表 5.1 所示。

表 5.1　ProDL 中约定的符号及含义

符号	含义
::=	定义为
|	或
( )	与通常的括号相同
[ ]	括号中的内容可出现 0 次或 1 次
{ }	括号中的内容可出现 0 次或多次
#	标注不同标题
--	标注注释行
\	逻辑行连接符
;	一条语法规则的结束

对于自由变量有以下约定：表示主体标识的自由变量用一个大写字母表示，

表示其他数据项时则用小写字母；当自由变量取具体值时，用适当的名字表示主体标识(可以使用缩写，例如，主体 Alice、Bob 分别用 *A*、*B* 表示)，其他数据项的表示以一个大写字母开始。

下面具体地给出网络安全协议描述语言 ProDL 的语法，其中(1)～(5)描述的是协议运行方式，即主体间传递的消息及消息结构，使用的数据项类型，主体之间要达成的目标说明；(6)～(8)描述的是实际被检测系统，即参与实际系统的主体及其扮演的角色的定义，实际使用的数据类型，以及攻击者能力(包含初始知识)。协议描述语言 ProDL 的语法具体描述如下。

(1)基本定义。

```
identifier::=letter {letter | digit}; //标识符
atom::=identifier
type-name::=identifier
process-name::=identifier;//进程名
msg::=c;//消息常量
         | x;//消息变量
         | User;//用户名
         | Nonce;//随机数
         | Key;//密钥
         | Hash msg;//哈希函数
         | enc (Key,msg);//加密消息
         | SIG (Key,msg);//数据签名
         | (msg . msg);//复合消息
         | msg '(+)'msg |;//消息异或运算
Key::=KPUB User;//公开密钥
         | KPVT User;//私密密钥
         | KSHD;//共享密钥
         | KSHV;//共享密钥变量
Text::=ITVAL;//内部动作标识
```

(2)ProDL 程序文本说明。

```
ProDL-script::= free-vars-section
                prot-desc-section
                spec-section
                act-var-section
                system-section
                intruder-section
```

(3)自由变量说明。

```
free-vars-section::= '#Free variables'
                          {var-dec}
var-dec::= {User | Nonce} identifier {',' identifier }
User::= UVAL;//主体标识
             | UVAR;//主体标识变量
Nonce::=NVAL;//随机数标识
             | NVAR;//随机数变量
```

(4) 协议描述说明。

```
prot-desc-section::='#Protocol description'
                        {prot-msg | env-msg-send | env-msg-rec}
        prot-msg::=[assignment-line]
                    [line-no'.']identifier'->'identifier':'msg
    env-msg-rec::=[line-no '.'] '->' identifier ':' msg
  env-msg-send::=[line-no '.'] identifier '->' ':' msg
        line-no::=(letter | digit) {letter | digit}
        Action::=ε;//空动作
               | send (msg);//发送
               | recv (msg);//接收
               | internal (Text,User,User);//内部辅助动作
```

(5) 协议性质规约说明。

```
spec-section::= '#Specification'
                  {property}
property::= (Action|Action)_{LTL};//安全性质 LTL 刻画
```

(6) 实际变量说明。

```
act-var-section::='#Actual variables'
                     {act-dec}
        act-dec::=act-var-dec | timestamp-def | Hash
    act-var-dec::=type-name ':' identifier {',' identifier}
    timestamp-def::= 'Timestamp' '=' time '..' time
            Hash::=HASH;//对称密钥哈希函数
               | ONE-WAY HASH;//公开密钥单门哈希函数
```

(7) 实际系统说明。

```
system-section::= '#System' {principal-dec}
    principal-dec::= instance-dec {';' instance-dec}
    instance-dec::=process-name '(' identifier {',' identifier} ')'
```

(8) 入侵者说明。

```
intruder-section::='#Intruder Information'
               'Intruder' '=' identifier
               'Intruderknowledge' '=' '{' atom { ',' atom } '}'
```

作为网络安全协议验证模型生成系统的可输入语言 ProDL，与文献[4]提供的 PEP 语言相比较，有如下三点不同。

(1) ProDL 能够准确描述密码协议组成要素，并具体体现了协议安全构建块 (Security Building Blocks) 抽象建模机制，包括随机数、Hash 函数及数据签名、加密方式 (维也纳加密) 等。

(2) ProDL 中不仅定义了协议的操作，还定义了要检测的系统，具体包括两个不同的部分。第一，协议运行方式的定义；第二，实际被检测系统的定义。

(3) ProDL 使用线性时态逻辑 LTL 刻画网络安全协议所需验证的认证性质，便于应用模型检测器 SPIN 对 Promela 模型进行验证。

下面使用协议描述语言 ProDL 对 Needham-Schroeder 公开密钥协议和 TMN 协议进行协议描述。

Needham-Schroeder 公开密钥协议如下。

```
消息 1：A -> B:{Na, A}PK(B);
消息 2：B -> A:{Na, Nb}PK(A);
消息 3：A -> B:{Nb}PK(B);
Needham-Schroeder 公开密钥协议的 ProDL 描述如下。
-- Needham-Schroeder Public Key Protocol
#Free variables
UVAR A,B;
NVAR na,nb;
ITVAL IniRunning, IniCommit, ResRunning, ResCommit;
#Protocol description
A(NVAR na) =
    do_internal(IniRunning,A,B);
    send(A->B, enc(KPUB B, na, NVAR A));
    recv(A<-B, enc(KPUB A, na, NVAR nb));
    send(A->B, enc(KPUB B, nb));
    od_internal(IniCommit, A, B);
B(NVAR nb) =
    do_internal(ResRunning, A, B);
    recv(B<-A, enc(KPUB B, NVAR na, NVAR A));
    send(B->A, enc(KPUB A, NVAR na, nb));
```

```
        recv(B<-A, enc(KPUB B, nb));
        od_internal(ResCommit, A, B);
#Specification
Agreement (A, B, (Action|Action)_{LTL})
#Actual variables
UVAL A, B, I;
NVAL Na, Nb;
#System
PIni(A, B, Na);
PIni(A, I, Na);
PRes(B, Nb);
PI( );
#Intruder Information
 Intruder = I;
 IntruderKnowledge = {A, B, I, KPUB A, B, I, KPVT I};
```

TMN 协议如下。

消息 1：$A \to S$：A, S, B, $E(\text{Na})$;

消息 2：$S \to B$：S, B, A;

消息 3：$B \to S$：B, S, A, $E(\text{Nb})$;

消息 4：S → A：S, A, B, $V(\text{Na}, \text{Nb})$;

TMN 协议的 ProDL 描述如下。

```
-- TMN protocol
#Free variables
UVAR A, B, S;
NVAR na, nb;
ITVAL IniRunning, IniCommit, ResRunning, ServRunnig, ServCommit;
#Protocol description
A(NVAR na) =
    do_internal(IniRunning, A, S, B);
    send(A->S, UVAR A, UVAR S, UVAR B, enc(KSHD S, na));
    recv(A<-S, S, A, B, enc( (+), NVAR na, nb));
    od_internal(IniCommit, S, A, B);
B(NVAR nb) =
    do_internal(ResRunning, A, S, B);
    recv(B<-S, UVAR S, UVAR B, UVAR A);
    send(B->S, B, S, A, enc(KPUB S, nb));
    od_internal;
S() =
    do_internal(ServRunning, A, S, B);
```

```
      recv(S<-A, A, S, B, enc(KPUB S, NVAR na));
      send(S->B, S, B, A);
      recv(S<-B, B, S, A, enc(KPUB S, NVAR nb));
      send(S->A, S, A, B, enc( (+), NVAR na, nb));
      od_internal(ServCommit, B, S, A);
#Specification
  Agreement (A, B, S, (Action|Action)_LTL)
#Actual variables
UVAL A, B, S, I;
NVAL Na, Nb;
#System
PIni(A, S, B, Na);
PIni(A, S, I, Na);
PRes(B, S, Nb);
PServ(S);
PI( );
#Intruder Information
  Intruder = I;
  IntruderKnowledge = {A, B, S, I, KPUB A, B, S, I, KPVT I};
```

Woo 和 Lam[5]提出的认证协议的语义模型中，认为认证协议的目标无外乎两个。

（1）认证，指协议运行结束后，一方能确信与其"对话"的主体的真实身份正是那个主体所宣称的身份。

（2）密钥分发，前一个目标的完成往往需要分发并使用密钥来保证主体间通信的保密性以及完整性。

为了达到此两个目标，Woo 和 Lam 提出认证协议要满足的两个性质：对应性（Correspondence）和保密性（Secrecy），它们分别对应于上述两个目标。本系统用于分析对应性，在文献[6]和文献[7]中也分别对互联网密钥交换协议 IKEv2 的保密性及电子商务协议 NetBill 的原子性进行了形式化分析。

LTL 非形式地说明，对应性是指认证协议中主体的动作有着对应关系。例如，在分析 Needham-Schroeder 公开密钥协议时，假设 A 是协议发起方，B 是协议应答方。为了达到 A、B 双向认证目的，必须证明攻击者不可能充当协议的任何一方来冒充协议的另一方。因此，当协议应答方 B 结束协议（ResCommit）时，对应的协议发起方 A 必须开始了此协议（IniRunning）；同样，当协议发起方 A 结束协议（IniCommit）时，对应的协议应答方 B 也必须开始了此协议（ResRunning）。用 LTL 表示动作对应关系为[8-10]

－□((□！IniCommit) ‖ (！IniCommit U ResRunning))

－□((□！ResCommit) ‖ (！ResCommit U IniRunning))

其中，主体的内部辅助动作 IniRunning、IniCommit、ResRunning、ResCommit 用于刻画主体动作的对应性。

5.2.4　Needham-Schroeder 公开密钥协议分析与验证

在验证子模块中 SPIN 的操作如下，以 Needham-Schroeder 公开密钥协议为例。

(1) 验证时，调用的步骤如下。

spin –a –N ns.ltl ns.pml

Gcc –DSAFTY –o pan pan.c

Pan –m2000 –x（参数 2000 为递归深度，协议有限次运行，可以在配置文件设定）。

(2) 寻找漏洞采取的操作。

spin –g –l –p –r –s –t –X –u250 ns.pml

本系统实现了对双方公开密钥类型、三方公开密钥类型和三方对称密钥类型的协议建模与验证功能。以 Needham-Schroeder 公开密钥协议为例，经过分析得出相应验证结果，如图 5.12～图 5.14 所示。

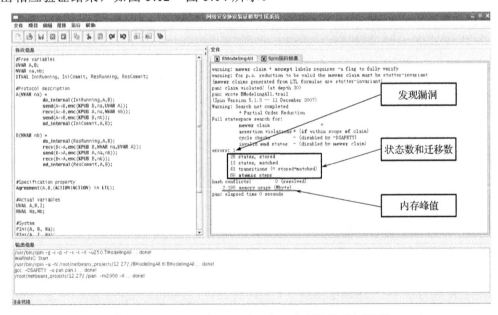

图 5.12　Needham-Schroeder 公开密钥协议验证结果

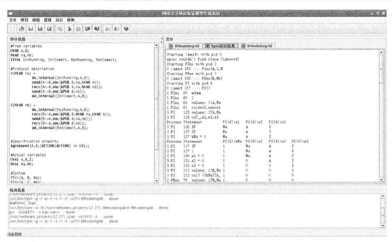

图 5.13　Needham-Schroeder 公开密钥协议漏洞分析(字符方式)

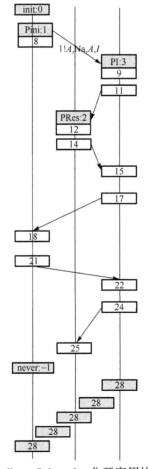

图 5.14　Needham-Schroeder 公开密钥协议攻击序列

图 5.12 对应的 Needham-Schroeder 公开密钥协议验证结果图，是在网络安全协议验证模型生成系统中采用静态分析(类型检查)、语法重定序以及偏序归约技术对 Needham-Schroeder 公开密钥协议分析验证得到的最优结果。

5.2.5　BAN-Yahalom 三方对称密钥认证协议分析与验证

三方对称密钥认证协议，BAN-Yahalom 协议描述如下。

$$A \rightarrow B: A,\text{Na}$$
$$B \rightarrow S: B,\text{Nb},\{A,\text{Na}\}_{\text{Kbs}}$$
$$S \rightarrow A: \text{Nb},\{B,\text{Kab},\text{Na}\}_{\text{Kas}},\{A,\text{Kab},\text{Nb}\}_{\text{Kbs}}$$
$$A \rightarrow B: \{A,\text{Kab},\text{Nb}\}_{\text{Kbs}},\{\text{Nb}\}_{\text{Kab}}$$

在模型生成系统中，使用 ProDL 语言对 BAN-Yahalom 协议进行形式化描述，将代码在建模子系统中输入，并使用系统自带的转换模块将 ProDL 代码转换成相应的 Promela 代码，结果如图 5.15～图 5.17 所示。

图 5.15　BAN-Yahalom 协议验证模型

图 5.16　BAN-Yahalom 协议验证结果

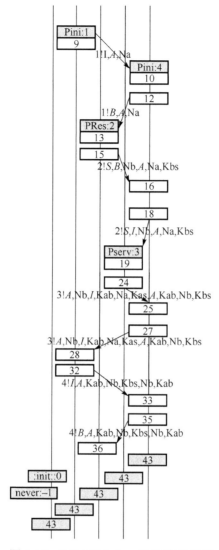

图 5.17　BAN-Yahalom 协议攻击序列

5.2.6　CMP1 可信第三方电子商务协议分析与验证

CMP1 可信第三方电子商务协议描述如下。

$$A \to B: h(m), \{K\}_{\text{Kttp}}, \{\{m\}_{\text{Ka}-1}\}_{\kappa}$$

$$B \to \text{TTP}: \{h(m)\}_{\text{Kb}-1}, \{k\}_{\text{Kttp}}, \{\{m\}_{\text{Ka}-1}\}_{\kappa}$$

$$\text{TTP} \to B: \{\{m\}_{\text{Ka}-1}\}_{\text{Kttp-1}}$$

$$\text{TTP} \to A: \{h\{m\}_{\text{Kb}-1}, B, m\}_{\text{Kttp-1}}$$

在模型生成系统中，使用 ProDL 语言对 CMP1 协议进行形式化描述，将代码在建模子系统中输入，并使用系统自带的转换模块将 ProDL 代码转换成相应的 Promela 代码，结果如图 5.18～图 5.20 所示。

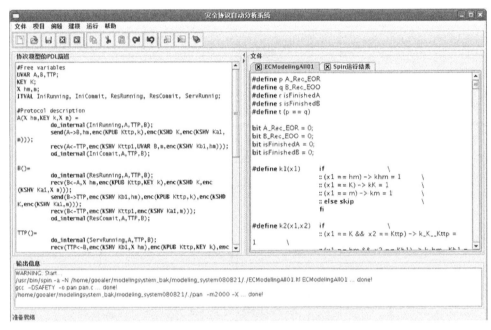

图 5.18　CMP1 协议验证模型

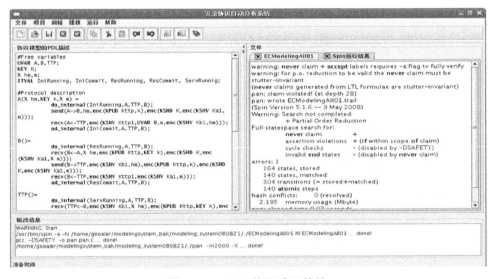

图 5.19　CMP1 协议验证结果

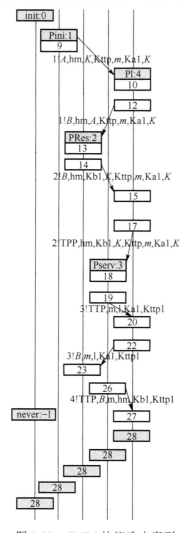

图 5.20　CMP1 协议攻击序列

参 考 文 献

[1]　肖美华. 网络安全协议形式化分析及支撑工具研究. 北京: 中国科学院软件研究所, 2007.

[2]　Lowe G. Casper: a compiler for the analysis of security protocols//Proceedings of the IEEE Computer Society Symposium on Research in Security and Privacy, Oakland, 1997:18-30.

[3]　Pavlovic D. A derivation system and compositional logic for security protocols. Journal of Computer Security, 2005, 13(3):423-482.

[4] 丁一强. 认证协议的形式化分析方法研究. 北京: 中国科学院软件研究所, 1999.

[5] Woo T Y C, Lam S S. A semantic model for authentication protocols//Proceedings of the IEEE Symposium on Research in Security and Privacy, Oakland, 1993: 178-194.

[6] 吴昌, 肖美华. 基于 SPIN 的 IKEv2 协议高效模型检测. 计算机工程与应用, 2008, 44(5): 158-161.

[7] 王兵, 肖美华. 电子商务协议原子性的 SPIN 分析. 南昌大学学报(工科版), 2007, 29(2): 181-185.

[8] Burrows M, Abadi M, Needham R. A logic of authentication. ACM Transactions on Computer Systems, 1989, 23(5): 1-13.

[9] Xiao M H, Li J, Xue J Y. Modeling authentication protocols using Promela//Proceedings of the 6th World Congress on Intelligent Control and Automation, Dalian, 2006: 4321-4325.

[10] 肖美华, 薛锦云. 时态逻辑形式化描述并发系统性质. 海军工程大学学报, 2004, 16(5): 10-13.

第6章　基于事件逻辑的安全协议形式化分析

基于定理证明的形式化分析方法是对协议进行建模或对协议需满足的性质进行形式化描述，再用定理证明的方法来证明性质是否在协议模型中被满足，可以发现不易被其他方法发现的网络安全协议漏洞[1]。定理证明描述并发与分布式系统，是一种协议和算法的逻辑，侧重协议正确性，难以自动化[2]。其主要是将协议描述为公理系统，协议安全目标表示需要证明的定理，协议是否满足安全目标对应于公理系统中目标定理是否成立，可用于无限状态空间协议正确性证明。事件逻辑理论[3-8]是一种隶属定理证明方法的逻辑，用来刻画加密协议在交互过程中的消息动作。本章详细介绍事件逻辑理论的相关知识及实例。

6.1　事　件　系　统

事件系统对安全协议基本原语进行形式化规约，在协议研究过程中，建立包含地址和事件的模型来证明协议安全属性，信息以多种形态存储在地址中，根据消息形式在不同地址间进行传递。通过事件系统验证加密协议安全性，定义事件逻辑理论方法的布尔值、标示符、原子、表示随机数、签名、密文以及加密密钥等不可预测数据，定义事件、事件类以及事件结构构建认证理论，对协议强认证性质进行证明。

6.1.1　符号说明

该部分描述分析密码协议安全性质的符号和操作符语义。表 6.1[9]给出一些符号及其语义。

表 6.1　事件逻辑的基本符号及其语义

基本符号	语义
Id	泛指参与协议的各方
Atom	表示秘密信息的类
Data	所有消息和明文
e/event	表示一个事件
E	表示事件集
Nonce	挑战数事件

基本符号	语义
n	是 Nonce 事件中的一个挑战数
has	逻辑关系包含
‖	逻辑关系独立
≤	表示局部有限偏序

在协议研究过程中，我们需要建立包含地址和事件的模型来证明协议安全属性。建立认证事件逻辑需要有布尔值、标识符、原子，其中原子表示随机数、签名、密文以及加密密钥等不可预测的数据[10]。

在分析协议中需要对涉及的相关事件以及事件类定义，如表 6.2 所示。

表 6.2　事件及事件类符号和语义

基本符号	语义
$loc(e)$	是 E 上的函数，表示事件 e 发生的主体
$key(e)$	事件 e 的主体的密钥
$New(e)$	事件 e 中的挑战数
$Send(e)$	事件 e 中发送的 Data 类消息
$Rcv(e)$	在事件 e 时接收的 Data 类消息
$Encrypt(e) = \langle x, k, c \rangle$	事件 e 的主体用密钥 k 对明文 x 加密得到密文 c
$Decrypt(e') = \langle x, k', c \rangle$	事件 e' 的主体用密钥 e' 对密文 c 解密得到明文 x
$Sign(e) = \langle x, A, s \rangle$	事件 e 的主体对明文 x 签名得到签名消息 s
$Verify(e') = \langle x, A, s \rangle$	事件 e' 的主体对事件 e 的主体签名消息 s 验证得到明文 x
$e_1 < e_2$	事件 e_1 在事件 e_2 之前发生
$< E, loc, \langle, info \rangle$	表示事件语言

在表 6.2 定义中，事件语言是任何语言的扩展 $< E, loc, \langle, info \rangle$，这里 loc 是 E 上的函数，$<$ 是 E 上的一个关系，对于 eE，$loc(e)$ 是事件的存储单元，事件结构中的存储单元表示主体、进程或者线程。

6.1.2　消息自动机

消息自动机[1]是一种不确定的状态机。其行为是发送和接收消息，并执行内部状态迁移。抛开更详细的类型约束，一个消息自动机将表现为三种类型，分别为状态、行为和消息。

消息自动机是以下相关记录类型的元素。

$$\left\{\begin{array}{c} \text{St, Act, Msg} : \text{Type; init} : \text{St;} \\ f : (\text{Act} + \text{Msg}) \to \text{St} \to \text{St;} \\ \text{Send:}(\text{Act} + \text{Msg}) \to \text{St} \to \text{MsgList} \end{array}\right\}$$

一个可能计算是状态、队列和事件交替的流，描述为 $s_0, q_0, a_0, s_1, q_1, a_1, \cdots$，如果事件 a_1 是一个内部操作，那么 $s_{i+1}=f(a_1)(s_i), q_{i+1}=\text{enq(send}(a_i)(s_i)q_i)$。

但是，如果事件 a_1 是一个消息接收，那么 $s_{i+1} = f(a_1)(s_i) \wedge q_{i+1} = \text{enq(send}(a_i)(s_i)\text{dep?}q_i)$，这里 dep?指需要从队列中接收的消息。

给定一个消息自动机 M，可能会有许多计算与它保持一致。如果没有消息，M 可以扮演一个普通的不确定自动机(有限或无限状态)。由伴随着环境的交互作用创建消息，通常消息是由其他自动机发送。我们只考虑每条消息发送都会被接收这种情况。

集中消息自动机集合 $M_1, M_2, \cdots, M_k$，通过链接在一个网络中连接。假设链接与 M_i 的节点形成一个有向图，则 M_i 位于一个节点上。每个链接 l 有一个起始点(src)和目的地(dst)，与每个链接相关联的消息列表在起始点产生并且到达目的地。每个地址都有一个在计算假设下的执行模型，该模型是由状态、行为和消息队列的链接交替组成的流。

6.1.3　语法语义

消息一般由链接、标签和值三部分组成，值的类型取决于链接和标签，可以将消息表示为 $\text{msg}(l,\text{tg},v)$[1]。

定义谓词如下。

$S(i,t)$ 表示给出分布式系统的集体状态，表明 M_i 在时间 $t \in N$ 上的状态。

$A(i,t)$ 表示在时间 t 上采取的行动，可以为空。

$\text{Link}(l,t)$ 表示在时间 t 之前消息列表在链接 l 上。

$\text{rcv}(s,lt)$ 表示在时间 t 之前接收的所有操作在 l 上。

$\text{send}(l,t)$ 表示所有的发送都在 t 之前。

$\text{frame}(x)$ 表示所有行为的列表，可以改变变量 x。

$\text{sframe}(l)$ 将列出所有操作，可以在链接 l 上发送。

$\text{link}(l,t)$、$\text{rcvs}(l,t)$ 和 $\text{send}(l,t)$ 的列表形成了队列。

每个事件都有一种类型、一个值和一个地址，所以一个事件在时空上是一个点。消息 $\text{msg}(lt,g,v)$ 的接收是一种事件，也存在局部事件，其类型是主体 A 的行为类型。

本地序列 $<\text{loc}:<e_1, n_1><\text{loc}<e_2, n_2>\equiv e_1 <\text{loc}<e_2>\vee(e_1 = e_2 \wedge n_1 < n_2)>$

消息形式化表示为

$$\text{Msg}(\text{Lnk}, \text{Tag}, M) = l : \ln k \times \text{tag} : \text{Tag} \times M(l, \text{tg})$$

$$\text{msg}(l, \text{tg}, v) = <l, t, v>$$

$$\text{Knd}(\text{Lnk}, \text{tag}, A) = \text{Lnk} \times \text{Tag} + A$$

6.1.4　不可猜测的原子

Atom 类型[11]表示保密信息，其中的成员用 atoms 表示，atoms 是不可预测的。Atom 类型成员是基本元素，没有结构且不能被生成。用原子来表示任何不可预测的数据：挑战数、签名、密文和加密密钥[12]。用大写字母 $A, B\cdots$ 表示标识符，小写字母 $a, b\cdots$ 表示原子，在一个形式为 $<a, A>$ 的数据类型中，可以把 $<x, <y, z>>$ 缩写为 $<x, y, z>$。atoms 是构建模型的第一步，计算系统是分布式系统中的通用模型。

6.1.5　事件结构

对任何分布式计算形式化模型可以定义一个分布式系统的运行，并在一个运行中识别信息传输的点，将这样的点称为事件，记做 e 或 events，定义 info(e) 为与事件 e 相关的原始信息，在 e 上转移 info(e) 与事件相关[1]。

在运算中，e、events 等消息是迁移的，信息交互初始阶段为 info(e)。事件集是信息在一些存储位置(如主体在事件发生时的进程与线程)中事件出现的空间时间点，事件在单个位置时间点没有重叠，是整体序。无论如何迁移(消息传递、消息共享)，事件各主体间均会产生因果序。

计算系统语义通过事件结构语言描述，事件语言(Event Language, EL)是任何语言的扩展 $<E, \text{loc}, <\text{info}>>$ 即事件序(Event-Ordering)，其中 loc 是事件 E 上的函数，$<$ 是事件 E 的一个因果关系，是一个本地有限集。事件包含有限个前驱，$e \in E, \text{loc}(e)$ 是事件存储单元，info(e) 表示事件发生时将消息交付给本地 info(e)，$e_1 < e_2$ 表示事件 e_1 发生在事件 e_2 之前[12]。对于已给地址上的事件，依据传递关系 $<$，所以具有全序。在认证理论中，事件 e 的地址是其发生的主体，所以对于一些标识符 $A, \text{loc}(e) = A$。将同一个主体上的事件因果序记为 $(e' < e \wedge \text{loc}(e') = \text{loc}(e))$，简记为 $e' < \text{loc}(e)$。事件结构存储单元表示主体、进程或者线程。

认证协议交互信息包括随机数、签名以及名字等元组信息，可转化为

$$\text{Data} \equiv_{\text{def}} \text{Tree}(\text{Id} + \text{Atom})$$

T 类型独立性 $(t:T \parallel a)$ 包含不可计算的、可以计算的，例如，数据、独立性是可计算的。Data 类型中原子列表可以定义一个可计算的函数 atms:Data $\rightarrow$ Atom List，由独立性原则可得 $\forall d : \text{Data}.\forall a : \text{Atom}.\neg(d \parallel a) \Leftrightarrow a \in \text{atms}(d)$。

事件结构在事件语言 EL 建模时需满足以下条件。

(1) $\leqslant$ 表示局部有限偏序（每个事件 e 包含有限个前驱）。

(2) $e_1 <_{\text{loc}} e_2 \equiv e_1 < e_2 \wedge \text{loc}(e_1) = \text{loc}(e_2)$ 表示局部序，事件集成员拥有相同存储单元的全序。

(3) info(e) 和事件 e 原始信息相关，认证理论中，loc(e) 位置是事件 e 发生主体，对一些标示符 A 来说 loc$(e) = A$；协议安全性证明中 $e' < e \wedge \text{loc}(e') = \text{loc}(e)$ 可简化为 $e' < e$。

事件逻辑理论为消息自动机提供健全语义，消息可靠发送包含 named、fifo、links，每一条信息有关联标签，是头信息。事件包含类型、价值，收到的信息在 link l 包含 tag tg，是一个类型为 rcv(l,tg) 的事件 e。消息类型依靠 (link,tag) 来判断，例如 sender$(e) < e$ 表示发送消息事件[12]。

事件 e 发生时，存储地址 location $i = \text{loc}(e)$，其状态变量 X 值是 $(x$ when $e)$，整个状态主体 i 为 state when $e \equiv (\lambda x.x$ when $e)$。

事件 e 影响状态改变，事件 e 发生后状态发生改变，则为

$$\text{state after } e \equiv (\lambda x.x \text{ after } e)$$

事件结构主体初始状态和项包含 Init、Trans、Send、IVal，主体间操作原理如下。

(1) 如果在存储地址中 e 是第一个发生事件，则满足 state when e=Init(loc(e))。

(2) 对于任意事件 kind k 和 value v 满足 state after e = Trans(k,v,state when e)。

(3) 对于任意接收事件 e'，该事件在 (link l) 上的 (tag tg) 以及 sender$(e')=e$，满足 $<l$,tg,val$(e')> \in$ Send(kinf(e),val(e),state when e)。

(4) 对于任意 kind k 内部事件 e 满足 $n:N.$val(e)=IVal(k,n,state when e)。

Init 和 Trans 抽象定义主体状态如何进行，主体部分是确定的。Send 是主体通过发送消息列表来响应事件，IVal 基于当前状态以及获取的一个不确定自然数来确定估算内部事件值。事件逻辑理论允许不确定因素存在，完全不确定性引起攻击者获得一个 atom。

(5) atom 数据流引理。Init、Trans、Send、IVal 是主体 i 的抽象定义项，IVal(k) 等价于 $\lambda n,s.$IVal(k,n,s)。若 Init(k)、Trans(k)、Send(k)、IVal(k) 对于存储位置 i 的每个 kind k 独立于 a，则存储位置 i 的项独立于 a，即 Program$(i) \parallel a$。如果主体在初始化时未包含 atom，在以后信息交互中没有收到包含 atom 信息，则主体不包含 atom，

即事件 e 发送消息独立于 atom a，对于任意事件 e、atoms a，若 Program$(\mathrm{loc}(e)) \| a$，Init$(\mathrm{loc}(e))$ Pa 且 $\forall e' <_{\mathrm{loc}} e.\mathrm{isrcv}(e') \Rightarrow (\mathrm{val}(e') \| a)$，则 (state when $e \| a$)。sends$(e) \| a$ 即 $\forall e' : E.(\mathrm{isrcv}(e') \wedge \mathrm{sender}(e') = e) \Rightarrow \mathrm{val}(e') \| a$。对于事件 e 和 atoms a，如果 Program$(\mathrm{loc}(e)) \| a$, Init$(\mathrm{loc}(e)) \| a$ 以及 $\forall e' <_{\mathrm{loc}} e.\mathrm{isrcv}(e') \Rightarrow (\mathrm{val}(e') \| a)$，则 Val$(e)$ $\| a$ 且 sends$(e) \| a$。

6.1.6　事件类

事件逻辑理论中，通过事件对协议进行分类描述，使用事件序语言以及事件类对协议进行构建。T 类型事件类从事件到 T 类型值是简单的偏函数，如果 X 是一个事件类，则规定 $E(X)$ 是 X 范围内的事件集，$E(X)$ 中事件属于类 X。对于事件 $e \in E(X)$，$X(e)$ 是类 X 分配给 E 的 T 类型值[12]。

类 X 将事件结构进行分区，事件 e 是 $E(x)$ 中分配的 T 类型值，$e \in E(X)$ 意味着 $e \in E(x) \wedge X(e) = v$。如果 X 是类型 $T_1 \times \cdots \times T_k$ 的一个类，那么 $e \in X(v_1, \cdots, v_k)$ 等价于 $e \in E(X) \wedge X(e) = (v_1, \cdots, v_k)$。

事件类是事件类成员，如果 Y 是 T' 类型的事件类，f 是 $T \to T'$ 的函数，那么 $X(v) \Rightarrow Y(f(v))$ 等价于 $\forall e.e \in X(v) \Rightarrow e \in Y(f(v))$，即在类 X 的任何事件也在类 Y 中，在类 Y 中的值是在类 X 中的对应函数值。

当 X 是被局部定义的类 X，随机数 $n \in E(\mathrm{Nonce}_i)$、事件 $e \in E(X)$ 以及 n 与 e 之间没有任何局部关联，则满足 $(\mathrm{loc}(e) \neq s_i \Rightarrow X(e)) \| \mathrm{Nonce}_i(n)$。

当类 A 属于类型 T_1，类 B 属于类型 $T_1 \times T_2$，它们间关联 R 在表 a 和 $<a,b>$ 中，A 和 B 间的综合如下。

$$\forall e, a.e \in A(a) \Rightarrow \exists e', b.e < e' \wedge e' \in B(a,b)$$
$$\forall e', a, b.e' \in B(a,b) \Rightarrow \exists e.e < e' \wedge e \in A(a)$$

类中事件转换成对应原子 X 类事件 e 所包含信息且包含原子 a，具体如下。

$$X(e) \text{ has } a \equiv_{\mathrm{def}} (e \in \exists(X) \wedge \neg(X(e) : T \| a))$$

认证协议包含发送、接收、随机数、签名、认证、加密、解密七类事件，事件类对应相关信息[13]，信息类型取决于事件类，事件类中相关信息包含原子，基于七类事件类的形式化身份认证理论的类型列表具体定义如下。

$$\begin{cases} \mathrm{New} : \mathrm{EClass(Atom)} \\ \mathrm{Send, Rcv} : \mathrm{EClass(Data)} \\ \mathrm{Encrypt, Decrypt} : \mathrm{EClass(Data)} \\ \mathrm{Sign, Verify} : \mathrm{EClass(Data)} \end{cases}$$

类 Scnd.Rcv 类型相同，类 Sign、Verify 与类 Encrypt、Decrypt 相同，均为三元组 Data×Id×Atom，其中类 Sign、Verify 为<signed(e),signer(e),signature(e)>。对于 $e \in E$(Sign)，事件信息 Sign(e)=<x,A,s>表示事件 e 是主体 A 对密文 x 进行签名生成 S。如果 A 是诚实主体，则 loc$(e) = A$，诚实主体不会释放自己的私钥。对于事件 $e' \in E$(Sign)，事件信息与签名信息相对应即 Verify(e')=<x,A,s>表示事件 e' 是主体 $B = loc(e')$ 成功验证主体 A 签名生成的密文 x。

对于 Encrypt 和 Decrypt 类中事件 e 有相同三元组类型 Data×Key×Atom，即 <encrypted(e),key(e),ciphertext(e)>。事件 $e \in E$(Encrypt)，信息 Encrypt(e)=<x,k,c>表示事件 e 是主体 $A = loc(e)$ 通过密钥 k 对明文 x 进行加密生成的密文 c，主体 A 拥有密钥 k 以及消息 x。事件逻辑理论方法是主体对所拥有原子的约束定义，包含随机数、私钥、签名以及密文。对于事件 $e' \in E$(Encrypt)，信息 Decrypt(e')=<x,k',c>表示事件 e' 是主体 $B = loc(e')$ 通过密钥 k' 解密密文 c 生成明文 x。当密文 c 生成的时候，解密公理 AxiomD 的加密事件中存在一个匹配密钥。

6.2　事件逻辑公理、推论及性质

在具体协议的证明讨论中，需要一个可以捕捉分布式系统显著特点的模型，该模型基本类型是地址和事件，可以认为它是时间和空间（即时空）坐标，信息作为一个状态变量或者一个随机数的值储存在地址中。但是运用事件逻辑对安全协议的分析，不仅需要能用事件系统对协议进行描述，更重要的是要对安全协议的性质进行刻画。本节对事件逻辑的推理规则和性质进行说明，为运用事件逻辑对安全协议证明提供理论支撑。

6.2.1　事件逻辑公理

对称密钥和私钥是不可测的，和原子、公钥一样作为标示符，私钥和对称密钥不同，所以 Key 类型为 Key $\equiv_{\text{def}}$ Id+Atom+Atom。

事件逻辑理论中 PrivKey 函数的主体包含原子，MatchingKeys 函数构建密钥间关系。

$$Honest:Id \rightarrow \mathbb{B}$$
$$MatchingKeys:Key \rightarrow Key \rightarrow \mathbb{B}$$
$$PrivKey:Id \rightarrow Atom$$

事件逻辑公理包含密钥公理、诚实公理、因果公理、不相交公理、流关系。

（1）密钥公理（Key axiom）。

密钥公理 AxiomK 的匹配密钥是对称的，对称密钥匹配的是主体自身，密钥信息是主体所独有的，不同主体不会拥有相同私钥，主体 A 所持有私钥仅能与自身公钥所匹配，具体如下[14, 15]。

$$\text{AxiomK} : \forall A, B : \text{Id}.\forall k, k'; \ \text{Key}.\forall a : \text{Atom}$$
$$\text{MatchingKeys}(k, k') \Leftrightarrow \text{MatchingKeys}(k', k) \wedge$$
$$\text{MatchingKeys}(\text{Symm}(a), k) \Leftrightarrow k = \text{Symm}(a) \wedge$$
$$\text{MatchingKeys}(\text{PrivKey}(A); k) \Leftrightarrow k = A \wedge$$
$$\text{MatchingKeys}(A, k) \Leftrightarrow k = \text{PrivKey}(A) \wedge$$
$$\text{PrivKey}(A) = \text{PrivKey}(B) \Leftrightarrow A = B$$

(2)诚实公理(Honest axiom)。

事件逻辑理论包含函数 Honest: Id $\rightarrow \mathbb{B}$ 对诚实主体断言，诚实主体私钥不会释放，签名事件、加密事件以及解密事件均发生在诚实主体上，诚实公理 AxiomS 对诚实签名者性质刻画具体如下[14, 15]。

$$\text{AxiomS} : \forall A : \text{Id}.\forall s : E(\text{Sign}).\forall e : E(\text{Encrypt}).\forall d : E(\text{Decrypt}).\text{Honest}(A) \Rightarrow$$
$$\left\{ \begin{array}{l} \text{signer}(s) = A \Rightarrow (\text{loc}(s) = A) \wedge \\ \text{key}(e) = \text{PrivateKey}(A) \Rightarrow (\text{loc}(e) = A) \wedge \\ \text{key}(d) = \text{PrivateKey}(A) \Rightarrow (\text{loc}(d) = A) \end{array} \right\}$$

(3)因果公理(Causal axioms)。

因果公理是事件类中接收 Rcv、验证 Verify、解密 Decrypt 所对应的事件公理(接收公理 AxiomR、验证公理 AxiomV、解密公理 AxiomD)关系的整合 AxiomR。接收公理 AxiomR 和验证公理 AxiomV 相似，任何接收或验证事件发生前存在一个与之相对应且信息内容相同的发送或签名事件，具体如下[14,15]。

$$\text{AxiomR} : \forall e : E(\text{Rcv}).\exists e' : E(\text{Send}).(e' < e) \wedge \text{Rcv}(e) = \text{Send}(e')$$
$$\text{AxiomV} : \forall e : E(\text{Verify}).\exists e' : E(\text{Sign}).(e' < e) \wedge \text{Verify}(e) = \text{Sign}(e')$$

除解密事件外，解密公理 AxiomD 与接收公理 AxiomR 和验证公理 AxiomV 相似，除了密钥，解密事件对应的加密事件有相同信息，密钥是匹配的，即解密事件主体在事件发生前接收到一个与之密钥匹配、其他信息相同的加密事件，具体如下[14, 15]。

$$\text{AxiomD} : \forall e : E(\text{Decrypt}).\exists e' : E(\text{Encrypt}).e' < e \wedge \text{DEMatch}(e, e')$$
$$\text{DEMatch}(e, e') \equiv_{\text{def}} \text{plaintext}(e) = \text{plaintext}(e')$$
$$\wedge \text{ciphertext}(e) = \text{ciphertext}(e')$$
$$\wedge \text{MatchingKeys}(\text{key}(e); \text{key}(e'))$$

(4)不相交公理(Disjointness Axioms)。

原子间不相交假设主要考虑两方面问题，第一，任意七个事件类不在其他事件类中[13]，具体如下[14,15]。

$$\text{ActionDisjoint}: \exists f: E \to \mathbb{Z}. \forall e: F.$$
$$(e \in E(\text{New}) \Rightarrow f(e) = 1) \wedge$$
$$(e \in E(\text{Send}) \Rightarrow f(e) = 2) \wedge$$
$$\dots \wedge \dots$$
$$(e \in E(\text{Decrypt}) \Rightarrow f(e) = 7)$$

第二，主体产生的 Nonce 与主体所持有的私钥、签名或者密文不相同，且这三者之间不相交。签名可以是明文通过哈希加密，而密文是明文加密生成，Data 类型成员在哈希加密后不等同于 Data 类型成员，那么签名不等价于密文[16]，具体如下[14,15]。

NonceCiphersAndDisjoint:
$$\forall n: E(\text{New}). \forall s: E(\text{Sign}). \forall e: E(\text{Encrypt}). \forall A:\text{Id}.$$
$$\text{New}(n) \neq \text{signature}(e) \wedge \text{New}(n) \neq \text{ciphertext}(e) \wedge$$
$$\text{New}(n) \neq \text{Private}(A) \wedge \text{ciphertext}(e) \neq \text{Private}(A) \wedge$$
$$\text{signature}(s) \neq \text{Private}(A) \wedge \text{signature}(s) \neq \text{ciphertext}(e)$$

(5) 流关系 (Flow Relation)。

流关系是随机数因果序事件间的关联，是一个复杂的公理。Act 类型包含七个事件类，记作 actions。e has a 为真当且仅当 action e 中包含 actoma a，具体如下。

$$e \text{ has } a \equiv_{\text{def}} (e \in E(\text{New}) \wedge \text{New}(e) \text{ has } a) \vee$$
$$(e \in E(\text{Send}) \wedge \text{Send}(e) \text{ has } a) \vee$$
$$(e \in E(\text{Rcv}) \wedge \text{Rcv}(e) \text{ has } a) \vee$$
$$\dots$$

原子 a 从动作 e_1 流向动作 e_2 记作流关系 $e_1 \xrightarrow{a} e_2$ [13]，包含以下情况。

(1) 原子 a 从动作 e_1 和动作 e_2 发生在同一主体。

(2) 介于发送事件和接收事件间且通过明文发送原子。

(3) 原子 a 在加密事件明文中，密文流向一个与之匹配的解密事件，具体流关系递归如下[14,15]。

$$e_1 \xrightarrow{a} e_2 =_{\text{rec}} (e_1 \text{ has } a \wedge e_2 \text{ has } a \wedge e_1 \leqslant_{loc} e_2)$$
$$\vee$$
$$\begin{pmatrix} \exists s: E(\text{Send}). \exists r: E(\text{Rcv}). e_1 \leqslant s < r \leqslant e_2 \\ \wedge \text{Send}(s) = \text{Rcv}(r) \wedge e_1 \xrightarrow{a} s \wedge r \xrightarrow{a} e_2 \end{pmatrix}$$
$$\vee$$
$$\begin{pmatrix} \exists e: E(\text{Encrypt}). \exists d: E(\text{Decrypt}). e_1 \leqslant e < d \leqslant e_2 \\ \wedge \text{DEMatch}(d, e) \wedge \text{key}(d) \neq \text{Symma}(a) \\ \wedge e_1 \xrightarrow{a} e \wedge e \xrightarrow{\text{ciphertext}} d \wedge d \xrightarrow{a} e_2 \end{pmatrix}$$

引理 6.1　如果 $e_1 \xrightarrow{a} e_2$，那么 $e_1 \leq e_2$ 且 e_2 has a。

表示流关系的动作关联符号 $\rightsquigarrow$，若第一个动作是加密，第二个动作包含前一个动作的密文，则 $e' \rightsquigarrow e \equiv_{\mathrm{def}} e' \in \mathrm{Encrypt} \wedge e$ has $\mathrm{ciphertext}(e')$。

如果流关系的传递闭包中事件 e 拥有 a，则 e 潜在拥有原子 a，记作 e has* a，定义为

$$e \ \mathrm{has}^* \ a \equiv_{\mathrm{def}} \exists e' : E.(e' \ \mathrm{has} \ a) \wedge (e' \rightsquigarrow e)。$$

引理 6.2　如果 $e_1 \xrightarrow{a} e_2$，那么 $\mathrm{release}(a, e_1, e_2)$。

随机数公理（Nonce axiom），随机数公理记为 AxiomF，包含三部分分别为 AxiomF$_1$、AxiomF$_2$、AxiomF$_3$，随机数公理 AxiomF 的第一部分是关于流性质，AxiomF$_1$ 具体如下[14,15]。

$$\mathrm{AxiomF}_1 : \forall e_1 : E(\mathrm{New}).\forall e_2 : E.e_2 \ \mathrm{has} \ \mathrm{New}(e_1) \Rightarrow e_1 \xrightarrow{\mathrm{New}(e_1)} e_2$$

引理 6.3　随机数唯一性（Unique Nonces）。

如果 $e_1, e_2 \in E(\mathrm{New})$ 且 $\mathrm{New}(e_2) = \mathrm{New}(e_2)$，则 $e_1 = e_2$。

证明：因为 e_1 has e_2，通过 AxiomF$_1$ 以及引理 6.1 可得 $e_2 \leq e_1$，同理 $e_1 \leq e_2$，因此 $e_1 = e_2$。

AxiomF$_2$、AxiomF$_3$ 介绍签名、密文以及包含两类事件的相关关系，未规定签名或密文与特殊事件相关，如果一个动作包含签名或者密文，则可以推断出具有相同信息的一些签名或者加密动作，具体如下。

$$\mathrm{AxiomF}_2 : \forall e_1 : E(\mathrm{Sign}).\forall e_2 : E.e_2 \ \mathrm{has} \ \mathrm{signnature}(e_1) \Rightarrow$$
$$\exists e' : E(\mathrm{Sign}).\mathrm{Sign}(e') = \mathrm{Sign}(e_1) \wedge e' \xrightarrow{\mathrm{signature}(e_1)} e_2$$

$$\mathrm{AxiomF}_3 : \forall e_1 : E(\mathrm{Encrypt}).\forall e_2 : E.e_2 \ \mathrm{has} \ \mathrm{ciphertext}(e_1) \Rightarrow$$
$$\exists e' : E(\mathrm{Encrypt}).\mathrm{Encrypt}(e') = \mathrm{Encrypt}(e_1) \wedge e' \xrightarrow{\mathrm{ciphertext}(e_1)} e_2$$

6.2.2　事件逻辑推论及性质

基本序列是协议动作的参数列表，参数是主体标识符，由两个及以上组成。遵守协议的主体参与到多个线程，线程是协议基本序列实例且遵守协议[2, 16]。

引理 6.4　随机数引理。

协议（Protocol(bss),Pr）是合法的，主体 A 是诚实主体且遵守 Pr，线程 thr 是基本序列 bss 的一个实例，$n = \mathrm{thr}[j]$，$n \in E(\mathrm{New})$，$e = \mathrm{thr}[i]$ 和 $j < i$。如果 j 和 i 之间不存在 k，$E(\mathrm{Send})$ 中存在事件 $\mathrm{thr}[k]$，则随机数 $\mathrm{New}(n)$ 不会在事件 e 发生之前释放。

在协议强认证证明过程中，规定被证明协议合法，线程 thr$_1$ 相邻事件 e_0 和 e_1

不存在发送动作(或任何的动作发生)，由随机数引理可得，事件 e_1 发生前随机数不会被释放。

安全协议分析过程中，诚实主体在执行相关动作时需要满足以下性质。

性质 6.1　多组合信息交互。

诚实主体 A 本身持有可信第三方(Trust Third Party，TTP)授权且遵守协议，在认证过程中需要通过 TTP 授权进行验证，这属于诚实主体自身行为，即

$$\forall A{:}\mathrm{Id}.\forall e,e' : E(e) \in \mathrm{TTP} \land (e{<}e') \Rightarrow \forall e' : A \models E[e]$$

在验证协议交互过程安全性问题中可以省略该证明，从而降低证明过程中复杂度。

性质 6.2　不叠加。

协议分析过程中，对于在匹配会话中已经验证过的动作，在新一轮的验证过程中可以直接引用验证结果来减少冗余。

$$\forall A{:}\mathrm{Id}.\forall e_1,e_2{:}e_1 < e_2 \Rightarrow \forall e_2{:}A \models E[e_1]$$

性质 6.3　事件匹配。

在七种事件类中，在遵守协议的前提下，发起者 A 与响应者 B(事件响应者可以不是相同的主体)参与的事件类必须是双方的或者多方的，从而保障事件发生的有效性。

$$\forall A,B{:}(A \neq B).\forall e_1,e_2 : ((e_1 \in A, e_2 \in B) \land (e_1 < e_2))$$
$$\lor \mathrm{Send}(e_1) = \mathrm{Rcv}(e_2) \lor \mathrm{Sign}(e_1) = \mathrm{Verify}(e_2) \lor \mathrm{Decrypt}(e_1) = \mathrm{Encrypt}(e_2)$$

性质 6.4　去重复性。

在验证事件匹配的过程中，如果出现多个事件需要同时进行验证，则依据从上到下的原则进行验证，来减少验证过程中的重复操作。

性质 6.5　去未来性。

在考虑匹配动作的过程中，以当前已发生事件为基准，对于之后没有发生的动作不予考虑来减少验证过程中的不必要进程。

性质 6.6　签名唯一性(Unique Signatures)。

验证协议不存在额外随机数，如果协议不存在对相同的数据进行两次签名，那么所有生成签名是唯一的，其函数如随机数一样。

6.3　事件逻辑形式化描述协议

在运用事件系统对协议进行描述，对安全协议的性质进行刻画以后，需要利

用事件逻辑理论方法对安全协议进行形式化描述，定义发起者、响应者序列的具体动作，规范协议基本序列，确认满足协议安全性需要证明的强认证性质。

(1)线程。它是指动作在单个位置的有序列表，满足[1,11,14]：

$$\text{Thread} \equiv_{\text{def}} \{\text{thr:Act List} \mid \forall i{:}\text{thr}[i] <_{\text{loc}} \text{thr}[i+1]\}$$

$\text{thr}_1 \preccurlyeq \text{thr}_2$ 表示线程 thr_1 是线程 thr_2 前面发生的一个相邻线程，定义 $\text{thr}_1 \simeq \text{thr}_2$ 为

$$\text{thr}_1 \preccurlyeq \text{thr}_2 \vee \text{thr}_2 \preccurlyeq \text{thr}_1$$

线程中消息是这个线程中所有发送和接收动作集合，具体如下。

$$\text{isMsg}(e) \equiv_{\text{def}} e \in E(\text{Send}) \vee e \in E(\text{Rcv})$$

$$\text{messages}(\text{thr}) \equiv_{\text{def}} \text{filter}(\text{isMsg},\text{thr})$$

对于消息 S 和 r，S 是发送消息，r 是接收消息，S 和 r 间传递消息相同，则两条信息间是一个弱匹配关系，即 $S \sim r$；如果 S 与 r 间有直接因果关系，S 发生在 r 之前，则 S 和 r 间是一个强匹配关系，即 $S \vdash r$，具体如下。

$$S \sim r \equiv_{\text{def}} S \in E(\text{Send}) \wedge r \in E(\text{Rcv}) \wedge \text{Send}(s) = \text{Rcv}(r)$$

$$S \vdash r \equiv_{\text{def}} S \sim r \wedge S < r$$

(2)基本序列(Basic Sequence)[1,15,17]。它是基本协议动作的参数列表，协议主体 A、B 的参数是标示符，主体 A 遵守协议，参与协议多个线程，线程是协议中的实例，与主体 B 在不同位置进行交互，事件逻辑理论所研究的协议允许多个主体参与。

主体 A 动作是基本序列的成员实例，若签名或密文动作出现错误，则对应的验证或解密不会出现。协议交互中主体连接失败或不被信任，则交互序列相应的接收动作不会出现。如果主体遵守协议，则协议会话以接收、验证、解密动作作为完整基本序列结束。

基本序列是两个位置与一个线程的联系，当线程是基本序列给定的位置参数，则这个关系为真，基本序列类型成员如下。

$$\text{Basic} \equiv_{\text{def}} \text{Id} \to \text{Id} \to \text{Thread} \to \mathbb{P}$$

$\mathbb{P}$ 代表命题(Proposition)，在命题逻辑结构中跟布尔运算不同。

基本序列通过包含自由变量的协议动作列表来定义，除作为主体标记 A、B 外，其余均作为原子来定义。基本序列实例可生成不同随机数、签名等，参数原子通过序列在关系定义中量化存在。

线程 thr 是主体 A 中已知基本序列关系 bss，记做 $\text{Thr} = \text{oneof}(\text{bss},A)$。协议形式化定义通过关系 $\text{Inoneof}(e,\text{thr},\text{bss},A)$ 定义，记做 $e \in \text{thr} \wedge \text{thr} = \text{oneof}(\text{bss},A)$。

(3)匹配会话。线程 thr_1 和 thr_2 构成长度为 n 的匹配会话，至少包含 n 个消息，

当线程中前 n 个消息成对，每对 $<m_1,m_2>$ 满足 $m_1 \vdash m_2 \lor m_2 \vdash m_1$，则强匹配会话定义为 $\mathrm{thr}_1 \overset{n}{\approx} \mathrm{thr}_2$。如果每对 $<m_1,m_2>$ 仅满足 $m_1 \sim m_2 \lor m_2 \sim m_1$，会得到一个弱匹配会话，记作 $\mathrm{thr}_1 \overset{n}{\approx} \mathrm{thr}_2$ [12]。

协议保证线程匹配会话在不同位置均满足强匹配性质，强匹配性质避免重放攻击，比弱匹配性质认证多了因果序需求证明。

(4)协议动作。协议通过基本协议动作来描述，ProtocolAction 类定义协议动作。所有成员类包含标签 tag 和值 value，即 tag(value)。标签是七种常量字符串 new,…,decrypt，所有值有对应的类型，ProtocolAction 类成员包含这七种动作，定义如下[1, 11, 14, 15]。

$$\{\mathrm{new}(a) \mid a \in \mathrm{Atom}\}$$
$$\{\mathrm{send}(x) \mid x \in \mathrm{Data}\}$$
$$\{\mathrm{rcv}(x) \mid x \in \mathrm{Data}\}$$
$$\{\mathrm{sign}(t) \mid t \in \mathrm{Data} \times \mathrm{Id} \times \mathrm{Atom}\}$$
$$\{\mathrm{verify}(t) \mid t \in \mathrm{Data} \times \mathrm{Id} \times \mathrm{Atom}\}$$
$$\{\mathrm{encrypt}(t) \mid t \in \mathrm{Data} \times \mathrm{Key} \times \mathrm{Atom}\}$$
$$\{\mathrm{decrypt}(t) \mid t \in \mathrm{Data} \times \mathrm{Key} \times \mathrm{Atom}\}$$

协议动作(Protocol Action,PA)对应事件 e，则

$$e \in E(\mathrm{New}) \land \mathrm{PA} = \mathrm{new}(\mathrm{New}(e))$$
$$\lor$$
$$e \in E(\mathrm{Send}) \land \mathrm{PA} = \mathrm{send}(\mathrm{Send}(e))$$
$$\lor$$
$$\cdots$$

协议中协议动作(Protocol Actions,PAS)对应线程，记作 PAS(thr)。若两者有相同长度，即 $\|\mathrm{PAS}\| = \|\mathrm{thr}\|$，则事件匹配满足 $\forall i < \|\mathrm{thr}\|.\mathrm{PAS}[i](\mathrm{thr}[i])$。

(5)定义协议。事件逻辑理论使用 Basic 类型的基本序列关系表 bss 定义协议，协议是存储位置的断言，类型为 $\mathrm{Id} \to \mathbb{P}$。

协议 Protocol(bss) 定义如下[15, 17]。

$$\lambda A. \forall e : \mathrm{Act}.\mathrm{loc}(e) = A \Rightarrow (\exists \mathrm{thr}.\mathrm{inOneof}(e,\mathrm{thr},\mathrm{bss},A)) \land$$
$$\forall \mathrm{thr}_1,\mathrm{thr}_2 .(\mathrm{inOneof}(e,\mathrm{thr}_1,\mathrm{bss},A) \land \mathrm{inOneof}(e,\mathrm{thr}_1,\mathrm{bss},A))$$
$$\Rightarrow \mathrm{thr}_1 \simeq \mathrm{thr}_2$$

主体 A 动作是基本序列的实例成员，如果动作是一个或多个实例成员，则实例是兼容的，兼容性应用需满足在两个实例中参数 m 选取一致。

(6)认证。主体 A、B 为诚实主体且遵守协议，主体 A 发起一个会话序列，主

体 B 的一个应答序列与之构成合法匹配会话。如果主体 B 执行全应答序列中的一个实例，那么有一个和主体 A 匹配会话，即接收消息和相匹配的发送消息内容一致。消息双方完成身份认证，保证不会有攻击者借助之前拦截消息进行伪装会话攻击，匹配会话过程满足强匹配，协议 Pr 中基本序列 bs 认证 n 个消息，认证过程满足以下条件[15]。

$$Pr \vDash \mathrm{auth}(\mathrm{bs},n) \equiv_{\mathrm{def}} \forall A, B. \forall \mathrm{thr}_1 .$$
$$(\mathrm{Honest}(A) \wedge \mathrm{Honest}(B) \wedge \mathrm{Pr}(A) \wedge \mathrm{Pr}(B)$$
$$\wedge A \neq B \wedge \mathrm{loc}(\mathrm{thr}_1) = A \wedge \mathrm{bs}(A,B,\mathrm{thr}_1))$$
$$\Rightarrow \exists \mathrm{thr}_2 . \mathrm{loc}(\mathrm{thr}_2) = B \wedge \mathrm{thr}_1 \overset{n}{\approx} \mathrm{thr}_2$$

6.4　基于事件逻辑的安全协议证明

在使用事件逻辑对安全协议进行刻画的过程中，我们需要区分不同的安全协议，使用不同的证明流程对安全协议进行刻画分析，才能正确证明安全协议认证性，本节给出不同类型安全协议的证明流程。

6.4.1　推理规则

基于事件逻辑对安全协议的安全性进行分析时，首先利用事件逻辑系统中的基本密码原语及符号对协议进行形式化描述，然后根据逻辑系统中的公理引理及相应的推理规则，对安全性质进行推导。如果能够得到所期望的性质，说明该协议是安全的，否则该协议不满足安全性质。可以看出，推导规则对安全协议证明过程非常重要。

（1）置换规则。

事件逻辑理论中对任何判断 $J(a,b,\cdots)$，其中 $a,b,\cdots$ 为有限集，可以推断出 $J(a,b,\cdots)$ 的真值过程 $a \vdash a$，$b \vdash b \cdots$ 是一个置换。

定义一个四元组的计算系统原语 $\mathrm{acase}(\mathrm{tok}(a), \mathrm{tok}(b), x, y)$，计算规则如下。

当 $a \neq b$ 时，结果为 y；当 $a = b$ 时，结果为 x。acase 计算结果取决于两个 atoms 是否相同。

若事件逻辑理论置换规则有效，需要满足以下两个条件。

① 计算原语 acase 拥有该性质，假设 σ 是置换名，$t \to t'$ 意味着 $\sigma(t) \to \sigma(t')$，在事件逻辑理论中，每一条附加计算规则必须满足这个性质。

② 定义机制必须满足 $a,b,\cdots$ 是不可隐藏且一致的。例如，当 $f(1) = \mathrm{tok}(a)$，$f(1) = \mathrm{tok}(b)$ 时，则根据置换规则 $\mathrm{tok}(a) = \mathrm{tok}(b)$。$f(x) = (\text{if } x=1 \text{ when } \mathrm{tok}(a) \text{ else}$

tok(*b*))在事件逻辑理论中是不允许的。右边内容必须在左边参数中提及，*f*{*a*, *b*}(*x*) = (if *x*=1 then tok(*a*) else tok(*b*))在事件逻辑理论中则是被允许的。

(2)迁移规则。

线程 thr 是主体 *A* 中已知 bss 列表基本序列关系中的一个，记作 thr=oneof(bss, *A*)，bss 中有多个子序列，记作 $\mathrm{bss}_i \in \mathrm{bss}(i=1,2,\cdots n)$，并且有 $\mathrm{bss}_1 \subseteq \mathrm{bss}_2 \cdots \subseteq \mathrm{bss}_n$，如果子序列 bss_i 中有事件 *e*，那么在迁移规则下可以迁移到下一个子序列 bss_{i+1} 中，可以形式化表示为

$$\forall e \in \mathrm{Eclass}(x) \subset \mathrm{bss}_i \vee \mathrm{loc}(e) = A \Rightarrow e \in \mathrm{Event}(x) \subset \mathrm{bss}_{i+1} \vee \mathrm{loc}(e) = A(1 \leqslant i < n)$$

在迁移规则下，我们可以推导出可继承性。形式化表示为

$\forall e_1, e_2 \in \mathrm{Eclass}(x) \vee \mathrm{Event}(e_1)=\mathrm{Event}(e_2) \subset \mathrm{bss}_i \Leftrightarrow \mathrm{Event}(e_1)=\mathrm{Event}(e_2) \subset \mathrm{bss}_{i+1}(1 \leqslant i < n)$　证明：如果 $e_i, e_{i+1} \in \mathrm{Eclass}(x)$ 且 $\mathrm{Event}(e_i)=\mathrm{Event}(e_{i+1}) \subset \mathrm{bss}_i$，显然，$e_i, e_{i+1} \subset \mathrm{bss}_i \subset \mathrm{bss}_{i+1}$ 根据流关系和迁移规则，$\mathrm{Event}(e_i) = \mathrm{Event}(e_{i+1}) \subset \mathrm{bss}_i \subset \mathrm{bss}_{i+1}$，可以得到

$$\forall e_i, e_{i+1} \in \mathrm{Eclass}(x) \vee \mathrm{Event}(e_i) = \mathrm{Event}(e_{i+1}) \subset \mathrm{bss}_i$$
$$\Rightarrow \mathrm{Event}(e_i) = \mathrm{Event}(e_{i+1}) \subset \mathrm{bss}_{i+1}(1 \leqslant i < \mathrm{n})$$

如果 $e_i, e_{i+1} \in \mathrm{Eclass}(x)$ 且 $\mathrm{Event}(e_i)=\mathrm{Event}(e_{i+1}) \subset \mathrm{bss}_{i+1}$，显然，$e_i, e_{i+1} \subset \mathrm{bss}_{i+1}$ 根据流关系和迁移规则，不存在 $\mathrm{Event}(e_i)=\mathrm{Event}(e_{i+1})$ 在其他线程中，可以得到

$$\mathrm{Event}(e_i) = \mathrm{Event}(e_{i+1}) \subset \mathrm{bss}_{i+1} \Rightarrow$$
$$\forall e_i, e_{i+1} \in \mathrm{Eclass}(x) \vee \mathrm{Event}(e_i) = \mathrm{Event}(e_{i+1}) \subset \mathrm{bss}_i(1 \leqslant i < n)$$

6.4.2　两方安全协议证明流程

(1)利用事件逻辑理论方法对安全协议进行形式化描述，定义发起者、响应者序列的具体动作，规范协议基本序列，确认满足协议安全性需要证明的强认证性质。

(2)对强认证性质的单向进行证明。规定主体不同是诚实的且遵守协议，假设某一线程为协议基本序列的实例，定义线程上的动作，确定协议匹配事件。分析匹配事件，确认是否存在匹配会话以及匹配会话内部是否含有需要进一步证明的匹配事件。

(3)确定匹配事件，进行排除分析。查询相关匹配事件是否符合匹配会话，如果符合则进行由内而外对相关匹配会话证明；如果不符合则进行下一轮匹配事件的筛选证明，确认整个匹配事件是否满足弱匹配。

(4)确认强认证性质。确认匹配会话属于弱匹配，分析协议交互过程的匹配会话长度，根据相关公理确认强匹配会话。

(5)单向证明成立后，进行双向强认证性质证明。如果证明成立，则说明协议是安全的；在整个证明过程中，如果一边的匹配事件不能满足弱匹配，说明协议同样不满足强认证性质，在认证阶段不能达成双向身份认证，协议易被攻击者伪装身份进行攻击，存在消息重放的可能，协议主体不安全。两方安全协议证明流程如图 6.1 所示。

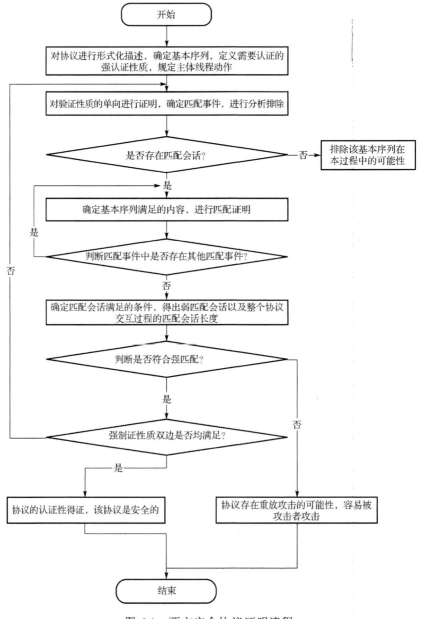

图 6.1　两方安全协议证明流程

6.4.3　三方安全协议证明流程

三方安全协议证明流程与两方安全协议证明流程类似，都是要证明被认证的一方需要满足强认证性质，只是其中多出来的一方相对于信息的传递的中介。下面以 KerNeeS 协议证明为例进行说明。

KerNeeS 协议是由 Ceipidor 于 2012 年提出的，该协议的目的是提供 POS 与 NFC Phone 之间的双向认证，还有一个认证服务器 Authentication Server 提供认证服务，KerNeeS 协议双向认证和密钥交互基本系列描述如图 6.2 所示。协议的详细交互流程参见文献[17]。

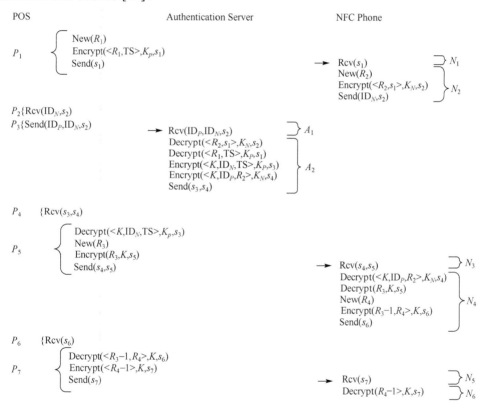

图 6.2　KerNeeS 协议双向认证和密钥交互基本系列描述

要证明 POS 和 NFC Phone 之间的双向认证，最终就是要证明它们之间的强认证性质，即 KNS |= auth(P_7, 6) 和 KNS |= auth(N_6, 5)。首先利用事件逻辑对协议进行形式化描述，找出 POS 和 NFC Phone 之间的匹配事件，然后确认匹配会话属于弱匹配，分析协议交互过程的匹配会话长度，根据相关公理确认强匹配会话。可以看出证明过程与两方协议证明过程类似，其中的 AS 起到信息的传递作用。

6.5　与其他典型证明方法对比

形式化方法使用数学模型来描述推理基于计算机的系统概念,即规范语言+形式推理。规范语言包括抽象模型规范法、代数规范法、状态迁移规范法和公理规范法。形式化方法有形式化描述、形式化设计和形式化验证,几十年来国内外学者在这三方面研究工作做出巨大贡献。特别在形式化验证方面,对形式规约进行推理和验证,两种常见的形式化验证形式分别以定理证明和模型检测[18,19]为代表。事件逻辑理论是定理证明方法的一种,定理证明应用于网络协议安全性分析,优于其他形式化方法之处在事件逻辑理论中均有体现,但事件逻辑理论相较于其他形式化方法也存在不足。下面是事件逻辑理论与 PCL、BAN 类逻辑及串空间理论的对比分析。

6.5.1　PCL

PCL 是一种证明加密协议安全系统的逻辑方法。PCL 与事件逻辑理论方法一样,协议形式化建模生成随机数、接收/发送消息、对消息执行加密操作以及签名验证[12, 20]。

(1)协议安全属性验证中,PCL 方法只能对部分协议性质进行刻画,对数据签名协议的认证性质不能进行刻画,而基于事件逻辑理论的定理证明方法可以对其他安全属性进行刻画认证。

(2)PCL 方法在协议交互动作建模中不够严谨,对描述线程的前序动作序列机制缺乏定义。事件逻辑理论方法对协议形式化建模线程机制进行明确定义,通过原子独立性规范事件发生先后线程状态。

(3)PCL 方法对协议信息数据类型缺乏必要约束、限制,事件逻辑理论定义特有 Atom 类型对没有结构且不能被生成的基本元素进行规范化定义,保证协议信息数据类型的规范充分。

(4)PCL 方法描述 Diffie-Hellman 代数行为及 Hash 函数的能力不足,而事件逻辑理论在处理加密动作时选择对其进行刻画。以 Hash 函数加密为例,在消息解密验证过程中,事件逻辑理论方法通过有效信息生成新的 Hash 加密,然后与刻画的加密动作进行比较证明。

(5)PCL 在分析网络协议安全性方面应用较广,特别是在协议动作分布自动化方面做了大量工作,此方面是事件逻辑理论方法亟待改进的。

6.5.2　BAN 类逻辑

　　模态逻辑是目前应用最广泛的形式化方法，包括 BAN 逻辑、BAN 类逻辑，其中 BAN 类逻辑包含十多种逻辑方法[21]。各类逻辑方法的语法定义各具特色，协议安全属性验证过程采用逻辑推理方式进行证明，这与基于事件逻辑理论的定理证明方法一致[12]。

　　以 BAN 逻辑为例，相较事件逻辑理论方法，BAN 逻辑要进行大量理想化处理，其中包含协议前提、协议本身和协议目标等，这些动作通过形式化描述实现。

　　(1) BAN 逻辑形式化描述协议初始化假设、安全协议预期目标，这些步骤与事件逻辑理论方法类似，但 BAN 逻辑对所处执行环境、参与协议执行主体和协议使用密钥等做出的初始假设过分依赖。事件逻辑理论对协议初始化方面没有过分处理，但对协议客观环境进行假设要求，在协议交互过程进行合理抽象化处理。

　　(2) BAN 逻辑对协议理想化处理过分依赖分析者直觉，理想化过程会产生问题，使得理想化后协议与原来协议有一定差距。例如，忽略或增加协议前提或内容，对协议目标描述不够准确，易造成分析结果与原协议设计有一定出入[22]。事件逻辑理论定义严谨的数学规则，规范一系列公理推论规则约束，从而保证强认证性质证明过程的严谨性。

　　(3) BAN 逻辑利用规则进行按步推理，运用严谨推理逻辑证明协议。但是 BAN 逻辑语义刻画不够清晰，证明协议安全性并不能让人很好信服，同样 BAN 逻辑不能很好保证协议证明的实用性。事件逻辑理论定义的定理规则，结构清晰、无歧义，保证协议在证明过程中的真实可靠性，使得协议安全属性更具有可信性。

　　(4) BAN 逻辑规则定义相较事件逻辑理论更加成熟，研究方面更广泛。在定义规则上，BAN 逻辑规则可读性更强，使用者不需要过高的数学基础以及逻辑推理能力。在使用 BAN 逻辑证明过程中，使用者可以通过调用定义规则对目标进行证明。

　　(5) 模态逻辑与事件逻辑理论一样，需要大量的人工操作，在形式化自动化验证方面有待提高。

6.5.3　串空间理论

　　串空间 (Strand Space) 模型是一种典型的基于不变集的代数定理证明方法，它是在 Meadows 代数模型、Schneider 秩函数和 Paulson 归纳法的基础上提出的。Fabrega 于 1998 年提出的串空间模型成功地分析了已有的认证协议，并发现了 Otway-Rees 协议的一个缺陷。串空间模型给出了认证协议的正确性定义、攻击者的攻击行为描述以及基于不变集 (Invariant Set) 定理证明的安全协议分析方法[23]。

与事件逻辑不同的是，串空间理论模拟攻击者的操作行为，而事件逻辑只对诚实主体进行建模，通过不同的公理和推论严格的证明协议的认证性，并且在证明过程中可以详尽地得到攻击者的学习能力。相比较而言，显然是事件逻辑证明过程更加清晰简便。

串空间理论和事件逻辑同样都是对协议的认证性进行证明，但是现有的串空间模型没有抽象更多的密码学原语，因此不能分析较复杂的安全协议[24]，但是事件逻辑现有的公理和推论可以支持较复杂安全协议分析。

参 考 文 献

[1] 刘欣倩. 基于事件逻辑的可证明网络安全协议形式化分析. 南昌: 华东交通大学, 2016.

[2] 肖美华, 刘欣倩, 李娅楠, 等. 基于强认证理论的三方网络协议安全性证明. 计算机科学与探索, 2016, 10(12): 1701-1710.

[3] Xiao M H, Xue J Y. Formal analysis of cryptographic protocols in a knowledge algorithm logic framework. Chinese Journal of Electronics, 2007, 16(4): 701-706.

[4] Xiao M H, Jiang Q W. On formal analysis of cryptographic protocols and supporting tool. Chinese Journal of Electronics, 2010, 19(2): 223-228.

[5] Xiao M H, Ma C L, Deng C Y, et al. A novel approach to automatic security protocol analysis based on authentication event logic. Chinese Journal of Electronics, 2015, 24(1): 187-192.

[6] 肖美华, 李娅楠, 宋佳雯, 等. 基于事件逻辑的 WMN 客户端与 LTCA 认证协议安全性分析. 计算机研究与发展, 2019, 56(6): 1275-1289.

[7] Yang K, Xiao M H, Song J W, et al. Proving mutual authentication property of KerNeeS protocol based on logic of events. IEEE Access, 2018, 6: 51853-51863.

[8] Song J W, Xiao M H, Yang K, et al. LoET-E: a refined theory for proving security properties of cryptographic protocols. IEEE Access, 2019, 7: 59871-59883.

[9] 李娅楠, 肖美华, 李伟, 等. 基于事件逻辑的无线 Mesh 网络认证协议安全性证明. 计算机工程与科学, 2017, 39(12): 2236-2244.

[10] Xiao M H, Deng C Y, Ma C L, et al. Proving authentication property of modified needham-schroeder protocol with logic of events//International Conference on Computer Information Systems and Industrial Applications, New Delhi, 2015.

[11] Bickford M. Unguessable atoms:a logical foundation for security//Working Conference on Verified Software: Theories,Tools and Experiments, Toronto, 2008.

[12] 李娅楠. 基于事件逻辑的无线 Mesh 网络客户端认证协议的形式化分析. 南昌: 华东交通大学, 2017.

[13] 赵亮. 信息系统安全评估理论及其群决策方法研究. 上海. 上海交通大学, 2011.

[14] Xiao M H, Bickford M. Logic of events for proving security properties of protocols// International Conference on Web Information Systems and Mining, Shanghai, 2009:519-523.

[15] Bickford M. Automated proof of authentication protocols in a logic of events//International Verification Workshop, Florence, 2013.

[16] 邓春艳. 基于事件逻辑的 CR 协议认证性形式化分析. 南昌: 华东交通大学, 2015.

[17] Ugo B C, Carlo M M, Antonella M, et al. KerNeeS: a protocol for mutual authentication between NFC phones and POS terminals for secure payment transactions//International Industrial Security Commission Conference on Information Security and Cryptology, Tabriz, 2012.

[18] Xiao M H, Cheng D L, Li W, et al. Formal analysis and verification of OAuth 2.0 protocol improved by key cryptosystems. Chinese Journal of Electronics, 2017, 26(3):477-484.

[19] Xiao M H, Li W, Zhong X M, et al. Formal analysis and improvement on ultralightweight mutual authentication protocols of RFID. Chinese Journal of Electronics, 2019, 28(5): 1025-1032.

[20] Datta A, Derek A, Mitchell J C, et al. Protocol composition logic (PCL). Electronic Notes in Theoretical Computer Science, 2007, 172: 311-358.

[21] 杨世平. 安全协议及其 BAN 逻辑分析研究. 贵阳: 贵州大学, 2007.

[22] 梅翀. 基于 Petri 网的安全协议分析与检测方法的研究. 贵阳: 贵州大学, 2008.

[23] 龙士工. 串空间理论及其在安全协议分析中的应用研究. 贵阳: 贵州大学, 2007.

[24] 沈海峰, 薛锐, 黄河燕, 等. 串空间理论扩展. 软件学报, 2005, 16(10): 1784-1789.

第 7 章　总结与展望

本书对网络安全协议的形式化分析方法进行了详细介绍，主要从基于 SPIN 工具的模型检测和事件逻辑这两个方面进行了归纳整理。本章主要对研究成果进行总结，并指出未来研究工作。

7.1　研究成果总结

本书主要涉及网络安全协议形式化分析与验证，具体内容如下。

(1)对安全协议形式化分析的研究现状及发展做了概括，对当前安全协议形式化分析的主要技术流派进行了详细阐述，并对不同技术做了对比与分析。

(2)给出了安全协议的明确定义、分类、攻击者模型及攻击类型、设计原则，总结了安全协议设计易产生漏洞的规律。

(3)概述了与安全协议密切相关的基础密码理论，包括认证性、秘密性、完整性、不可否认性、公平性和匿名性、Hash 函数、随机数及时间戳等，并对这些协议安全构建块，提出了抽象建模基本方法。

(4)分析了用于刻画安全协议性质的时态逻辑，并给出了相应实例。

(5)形式化描述了安全协议的基本数据结构，包括消息、动作(迹)、消息状态及修改、协议运行及消息构造规则等，设计了协议描述语言 ProDL，能够准确描述密码协议组成要素，ProDL 中不仅定义了协议的操作，也定义了要检测的系统，协议安全构建块的抽象建模机制也在 ProDL 中得以体现。

(6)提出了基于算法知识逻辑的网络安全协议模型检测分析方法，用于显式地刻画入侵者模型能力，从理论上证明了其知识完备性。

(7)开发了网络安全协议验证模型生成系统，适用于几类网络安全协议的分析，能将安全协议的 ProDL 描述自动转换为对应协议的 Promela 语言描述，调用 SPIN 模型检测器，自动找出攻击漏洞，当协议不满足安全性质时，以消息序列图 MSC 直观地列出攻击序列。

(8)为解决安全协议模型检测过程中状态爆炸问题，采用了偏序归约、语法重定序以及静态分析等优化策略，具体在网络安全协议验证模型生成系统中实现，实验结果验证了系统采用这些优化策略的有效性及效率。

(9)分析了较常用的安全协议形式化分析方法及对应支撑工具的特点，具体包括认证逻辑、FDR、Murφ、NRL、Athena、Isabelle、BRUTUS 等，并与我们所做的工作进行了比较，归纳出各自的优缺点。

(10) 使用网络安全协议验证模型生成系统分析了 10 多个网络密码协议，包括 Needham-Schroeder 公开密钥协议、TMN 协议、NSSK 协议、Otway-Rees 协议、BAN-Yahalom 协议、Woo-Lam 协议、Helsinki 协议、密钥交换协议 IKEv2 及电子商务协议 NetBill 等，发现了这些协议已公布的安全漏洞。实验结果显示，该系统具有较高的分析可靠性，可作为以网络认证协议为核心的网络通信系统安全性的有效分析、评测工具。

(11) 对事件逻辑进行扩展，给出协议中相关符号的意义。对安全协议动作中生成挑战数、发送消息、接收消息、加密、解密、数字签名进行刻画，同时给出了协议中密钥、挑战数和协议消息的形式化描述。为协议动作提出新的推理规则、机制、时序推理。事件逻辑对主体个数不限且不需要进行状态枚举。我们提出的相关事件公理，可以通过只对协议中诚实主体动作的推理来确保任何协议变体在攻击下都具有鲁棒性。

(12) 定义事件逻辑理论基本语义，介绍原子、独立性、事件结构。对加密系统进行建模，刻画随机数、事件类性质，定义事件类中七种基本动作。规范七种基本动作相互间关系，生成事件逻辑理论公理簇。

(13) 提出置换规则、推导多组合信息交互性质、不叠加性质、匹配性质、去重复性质、去未来性质。拓展的性质规则能有效降低事件逻辑理论在协议证明过程的复杂度、冗余度，有助于优化基于事件逻辑理论方法的协议安全性分析方案。将基于事件逻辑理论证明协议安全性的过程，通过流程图表述，阐明事件逻辑理论证明过程。

(14) 基于事件逻辑理论对多个网络安全协议进行了形式化分析，包括 Challenge-Response 协议、改进的 Needham-Schroeder 公开密钥协议、Neuman-Stubblebine 协议、无线 Mesh 网络客户端与 LTCA 间认证协议、WMN 客户端间认证协议等，发现了这些协议的安全漏洞或者验证了其安全性质。研究分析表明，事件逻辑能够精确地对协议进行形式化描述，无须显性刻画入侵者模型，只需分析协议动作之间的匹配顺序关系即可对协议的安全性进行证明。

7.2　下一步研究工作

20 多年来，虽然安全协议的研究取得了丰硕的研究成果，但是还没有一种技术能完全证明一个协议是安全的(因为安全性本身没有被充分地定义好)。对于今后安全协议的分析研究工作，应该包括以下几个方面。

(1)由于网络安全协议中消息的复杂性，解决状态爆炸的方法需要进一步研究。

(2)扩大认证协议分析与验证范围，特别是规模大的协议、电子商务协议的研究。

(3)不同形式化方法的结合，例如结合模型检测和定理证明方法来验证安全协议。

(4)减少对协议分析的假设，对 Dolev-Yao 模型的改进，比如增加其处理概率性事件的能力，研究比较通用的形式化验证方法以分析实际协议。

(5)改进和完善网络安全协议验证模型生成系统，进一步提高通用性，在工具中实现并行模型检测算法。

(6)事件逻辑理论证明方法更多依靠手工证明，通过对该方法各个步骤进行定义，下一步研究实现分布自动化。将分步实施的概念加入正在构建的安全协议验证系统中，从而实现网络安全协议认证性的自动化证明。

(7)事件逻辑在证明协议安全性的过程中仍然比较复杂烦琐，考虑简化协议证明流程，提高证明效率，使得该方法更加通俗易懂。

(8)在对协议安全属性进行分析研究时，目前更多的是通过事件逻辑理论方法对安全协议认证性证明，对其他安全性质如匿名性、公平性、不可否认性等性质尚缺乏分析能力，下一步可以考虑对其语法、语义进行补充，扩展事件逻辑理论，提出统一分析框架，并对所构建框架的正确性与验证协议的安全性进行分析，使得安全性质在统一框架下进行分析验证。